理工系大学
基礎化学実験

第5版

東京工業大学化学実験室　編

講談社

執筆者一覧

豊田　真司	東京工業大学理学院化学系教授
谷口　耕治	東京工業大学理学院化学系教授
大塚　拓洋	東京工業大学理学院化学系講師
原田　誠	東京工業大学理学院化学系講師
藤井　孝太郎	東京工業大学理学院化学系助教
鶴巻　英治	東京工業大学理学院化学系助教
山科　雅裕	東京工業大学理学院化学系助教
黄　柏融	東京工業大学理学院化学系助教
関根　あき子	東京工業大学理学院化学系助教

旧執筆者一覧

阿部　光雄　　市村　禎二郎　　枝元　一之
大山　清　　小澤　健一　　神崎　愷
工藤　史貴　　小松　隆之　　鈴木　正
高井　和之　　高橋　治子　　高山　大鑑
辻　正道　　難波　征太郎　　畑中　翼
原　典行　　疋田　巧　　平塚　浩士
藤本　善徳　　松下　慶寿　　宮崎　栄三
八嶋　建明

はしがき

化学には実験を通して帰納された理論や結論が多く，実験・観察によって自然現象を理解し，新しいものを創造することが大切であり，喜びもそこにある．高等学校における受験勉強の偏重から，実験・観察が軽視される傾向が指摘されているにもかかわらず，その改善がなされているとはいえない．

一方，科学技術の急速な進歩に対処し，さらに創造力ある学生を育成するための教育はますます重要となっている．このためには，基礎的でかつ精選されたテーマについて実験・観察することを通して自然法則の理解への基本的姿勢を身につけることが，大学の初年度学生にとって重要である．特に理工系の学生にとっての化学実験は，一般教育科目であると同時に基礎専門として重視されなければならない．

本書は，東京工業大学における初年度学生に対して，昭和23年以来行ってきた基礎教育化学実験の実験テーマの中から，現在の高等学校教育のレベルおよびコンピュータ性能の向上を考慮して，今回「吸収スペクトルと色」および「コンピュータを用いる分子モデリング」を加えて15テーマを精選して新たに作成したものである．

各テーマとも，大学初年度学生がほぼ3時間以内に終了できること，高級・高価な機器，材料，試薬などを用いなくとも所期の成果が確実に得られることを考慮したうえで，化学の各分野に共通で，かつ基礎的なものを主とし，さらに学習者が関心があるか，また，関心をもつと思われるテーマを選んだ．各テーマの下に＜平均終了時間—○時間○○分＞とあるのは，学生が実験を終えて退出するまでの時間の平均値を示したものである．東京工業大学では，本実験書を用いた学生実験においては，事前に教員による実験説明を行い，実験内容をよりよく理解するうえでのPLQ(Pre-Laboratory Questions)を課し，さらに，実験計画書を書かせており，実験当日は実験のみに専念させる方法をとっている．上記の所要時間はこのような準備のもとに得られたものである．

本書中15テーマすべてを行うことは時間の制約上困難かもしれない．この場合，各分野のバランスを考慮のうえ，さらに精選する必要があろう．時代の進展とともに実験テーマの取捨選択は必要であり，これらについてはさらに検討を加えて，改訂，増補したいと考えている．

なお，本書の執筆にあたり，長年にわたって熱心な協力と助言を頂いた，東京工業大学の化学科教員各位に感謝するとともに，本書の出版にあたって，太田一平氏ならびに講談社サイエンティフィクの方々，特に大塚記央氏には一方ならぬ御援助を頂いたことにお礼申し上げたい．

2015年2月

編者

目次

I. 実験室における注意と事故に対する処置 5
II. 実験の一般操作についての心得 8
III. 化学実験の実施について 11
IV. 通常試薬と実験器具・装置 16

1. ミョウバンの結晶 22
2. クロムの化学 25
3. イオン交換 29
4. Dumas の蒸気密度法による分子量の決定 34
5. pH 滴定曲線 36
6. 酸化還元滴定 39
7. 標準電極電位 43
8. 1 次反応速度定数 49
9. 分光光度計による解離定数の測定 53
10. *p*- ニトロアセトアニリドの合成 60
11. メチルオレンジの合成 63
12. フラボノイドの化学 66
13. 糖類の化学 69
14. コンピュータを用いる分子モデリング 73
15. 吸収スペクトルと色 77

付録 1. 実験データの取り扱い 82
付録 2. ガラス電極 pH 計 87
付録 3. 分光光度計 91
付録 4. 赤外吸収スペクトル 95
付録 5. 偏光計 97
付表 1. 物理定数表 101
付表 2. 酸解離定数 102
付表 3. 標準電極電位 103
付表 4. 環境基準 105

I. 実験室における注意と事故に対する処置

実験の心得

(1) 実験には真面目な態度で臨まなければならない

実験室には多くの薬品があり，不真面目な態度で実験に臨むと不慮の事故を招き，自分だけでなく他人にも被害を及ぼすことになる．また，飲食物の実験室への持ち込みは禁止する．実験室を含むフロアは防災のため全面禁煙となっている．

(2) 実験台はきれいに使用し，器具類は整頓する

実験台上に薬品等をこぼしたら，直ちに適切な処置(拭き取る，ウエスに吸わせる等)をする．また，実験台の上は整理整頓を心がけ，使わない器具は台上に置かない．薬品を間違えたり，白衣で引っかけて倒すなど，事故に繋がるおそれがある．

(3) 実験は適正な服装で行うこと

身体を保護するため，また衣類を汚損しないために実験衣を着用する．清潔に実験を行う習慣を養うため，汚れなどの付着が目立ち易い白衣を実験衣とする．白衣はひざ下までの長さがないため，長ズボンと足の甲が露出しない靴の着用が望ましい．

手袋は，適宜着用すること．手袋をしているときも，素手で行っているときと同様に，薬品がついた場合にはただちに水道水で洗い流すなど，清潔に保つこと．

転倒事故を防ぐため，サンダル，ハイヒール等での実験は認めない．

(4) 防護メガネを着用する

実験開始から後片付け終了まで，防護メガネの着用を義務付ける．薬品の採取などで目盛りを読まなければならないときも防護メガネをはずしてはいけない．防護メガネをしない者には退室を命ずることもある(実験を行わせない)．

(5) 有害廃液は，可能な限り回収する

カドミウム，鉛，クロム(6 価)，ヒ素，水銀，PCB 等は，我々の健康を損なうことが知られている．そのために環境基準が定められ(付表 4 参照)，水質汚濁防止法によって排出濃度等が厳しく規制されている．大学における実験では，実験者が自ら原点において適切な処理(原点処理)をすることが重要である．すなわち，有害廃液はみだりに下水道に放流せず，可能な限り回収する．また，その際にできるだけ希釈せず濃縮状態で回収するのがよい．詳細については，教員の指示に従うこと．

実験操作の諸注意

(1) 簡易ドラフトを有効に使用し，実験環境を清浄に保つ

実験では，揮発性の薬品(臭いがする薬品)を取り扱うことが多い．体内への薬品の摂取を少なくするために，実験室内の環境を清浄に保つ必要がある．各実験台には簡易ドラフト(写真参照，p.21)があるため，臭いの強い薬品の取り扱いは簡易ドラフトの前で行い，ドラフトの窓を開けること．使用しないときは，ドラフトの窓を閉めておくこと(窓を開放しておくと，吸引力が弱まるため)．

(2) 溶液の入った試験管を加熱するとき，周囲の人に向けない

溶液の入った試験管を加熱するときには突沸するおそれがあるので，試験管の口は自分や周囲の人には向けない．また，ビーカーやフラスコで加熱するときも，不用意に顔を近づけない．加熱操作も簡易ドラフトの前で行うこと．

(3) ヒビが入ったり，端が破損したガラス器具は使用しない

少しでもヒビが入ったガラス器具は，たとえ中の溶液が漏れなくても，加熱したり，実験台に置いたときの刺激などで突然割れることがある．破損したガラスの断面は鋭く，手を切りやすいので触れないようにする．器具を破損した場合には，すみやかに片付け・補充することが大切である．なお，本学ではガラス類を分別回収しているので，専用のゴミ箱に捨てること．

(4) 濃硫酸を希釈するときは，大量の純水にかき混ぜながら入れる

濃硫酸に水を加えると，爆発的な激しさで発熱して非常に危険である．水浴中で冷やした純水に濃硫酸を加える場合でも，よくかき混ぜないと同様なことが起こる．したがって，濃硫酸を希釈するときは，水浴中で多量の純水をよくかき混ぜながら濃硫酸をゆっくり加える．

(5) 火災防止に注意する

火災を防止するために，可燃性揮発性有機溶剤とバーナーを同時に扱う操作は基本的にはしない．バーナーを使用するときは，有機溶剤の蒸気への引火が起こらないように常に注意すること．また，実験台上の紙類(キムワイプやノート，プリント)はバーナーから離れた場所に置くこと．

火を扱っている最中は実験台を離れてはいけない．薬品などを取りに行く場合には，実験パートナーに実験台に待機するように依頼する．単独で実験を行う場合には，火を止めてから薬品を取りに行くこと．

(6) 必要以上の薬品を用いない

初心者は，試薬を余分に加えたほうが良い結果が出ると誤解していることが多い．これは，試薬を無駄に使うことになるだけでなく，実験が失敗する原因にもなり，二重に廃液を増す結果になるので，指定された量の試薬を用いること．

(7) 実験に失敗したら教員，あるいは TA にまず相談する

失敗の原因が分からないにもかかわらず再度実験を始めると，その失敗を再現することになりかねない．また，結果が周囲の人と同じでなくとも，彼らのほうが失敗している，あるいは正しい操作をしていない場合がある．失敗したとしても，原因を考察するため，溶液等を捨ててしまわない．適当な処置によって実験を続行できることもあるので，実験を失敗したときは現状を保存し，すみやかに教員，あるいはTA(ティーチング・アシスタント)に相談すること．

事故・災害が起きたら

(1) 薬品が目に入ったら，ただちに大量の水道水で洗い，同時に周囲の人は教員に知らせる

多くの薬品は皮膚に触れると炎症を起こすので，その取り扱いには十分注意する．また，薬品をこぼしたまま放置すると，他の人が誤って触れるなど事故にもつながるので，必ず掃除すること．特にアルカリは，酸よりも皮膚に対して浸透性が強いので，症状が重くなることがある．もし誤って目や口の中に入った場合は，水道水を流し続けたまま最低 10 分間洗うとともに，すみやかに周囲の人に頼んで教員に知らせる．

(2) 薬品が衣服に付いたら，ただちに大量の水道水で洗う

衣服に薬品が付くと，初めは気付かずとも徐々に腐蝕され穴があくことがある．衣服に濃硫酸が付着したために火傷を負った例もある．薬品が付いたことに気付いたら，十分に水道水で洗った後，酸の場合は希アンモニア水，アルカリの場合は希酢酸で中和し，さらに多量の水道水でよく洗う．

(3) ガラスで負傷したり火傷をしたら，まず水道水で洗い，教員に知らせる

実験中，手やガラス器具には薬品が付着している可能性がある．ガラスで負傷・火傷をすると，薬品が皮膚の奥深く浸入するおそれがあるので，よく水道水で洗い，ただちに教員に知らせる．

(4) 火が燃え移ったら，大声で周囲の実験者に知らせる

火が実験台上で燃え広がった場合には，自らの身の安全を確保しつつ大声で周囲の実験者に火災の旨を知らせ，教員を呼ぶこと．消火クロスで初期消火を試み，次いで消火器での消火の準備をすること．自身，あるいは近くの実験者の衣類が着火した場合には，ただちに水道水で消火すること．

II. 実験の一般操作についての心得

(1) ブンゼンバーナーで加熱するとき

通常，本化学実験では加熱用にブンゼンバーナーを使用する．現在使用しているものはブンゼンバーナーの改良型の1つである．上下2つのねじがあり，下はガス，上は空気の量を調節するためのねじである．空気が少ないと不完全燃焼して橙色の炎となり，すすが発生する．バーナーでビーカー類を加熱するときは，三脚の上に金網を敷き，その上にビーカーをのせる．小さなビーカーを大きな炎で加熱すると，その側面も加熱することになり，火傷や突沸の危険がある．炎の大きさは外炎がビーカーの直径よりも小さいか同じになるよう調節し，その炎に合わせ空気の量を調節する．銅製の水浴を加熱するときは，金網を用いずに三脚に直接のせて加熱する(写真参照，p.19)．加熱操作が終わったら，バーナーの火は必ず消す．

(2) 薬品の取り扱い方

化学実験では，必要最少量の薬品を使って最大の効果を上げることが望ましい．また，初めから多量の薬品を使うことは危険を伴う．少量の薬品で手順・危険性の確認をしてから使用量を増やすとよい．ゆえに少量の薬品をはかり取ったり加えたりする練習をしておくとよい．必要以上にはかり取ったりこぼしたりしないこと．特に，天秤等の機器類に薬品が付着した場合は，ただちに清掃すること．

共通の試薬類は，他から汚染されない(他の試薬と混ざらない)よう十分注意する．固体の試薬をはかり取るときは，準備されている専用の薬さじを使い，勝手に各自の薬さじを使ってはならない．液体の試薬をはかり取るときは，薬品の汚染を防ぐため，試薬びんに各自のピペットを直接入れないこと．まず試験管等に必要量より少しだけ多めに分注してからピペットを用いる．

試験管から他の試験管に液体をとるときは，図のように斜めに傾けて少量ずつ加え，試薬びんからビーカーにとるときは，ガラス棒に伝わらせて加えるとよい．

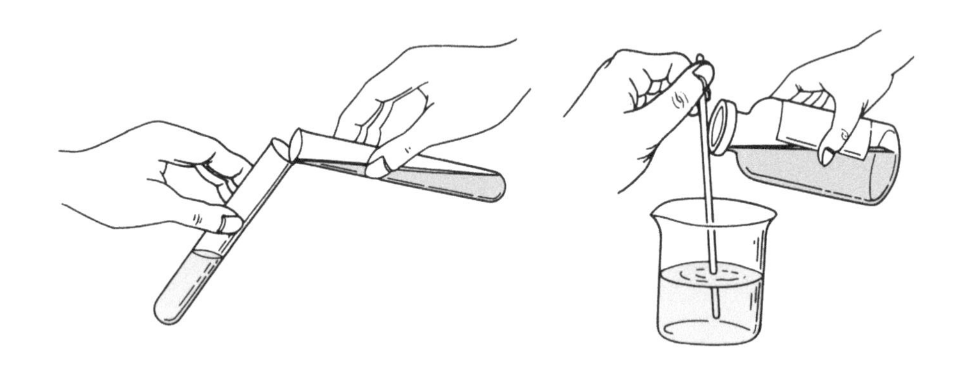

(3) ガラス器具について

化学実験でガラス器具を使用するのは，物質の状態や変化がよく見え，また，洗ったときにわずかな汚れも見つけることができる利点があるからである．ビーカーや試験管類は約200℃の熱ショック(温度の急変)にも比較的強い．その一方で，物理的に破損しやすい欠点もある．試験管・ビーカー・フラスコ等のガラス器具類は，常に清浄にして用いないと実験に失敗するおそれがある．そのため，実験後は洗剤(クレンザー等)を使ってよく洗い，必ず実験開始前の状態に戻すこと．それでも汚れが落ちないときは，希塩酸や希硝酸を用いて洗浄する．有機物の汚れは適当な溶剤を用いて除くこともある．また，ガラスは濃厚なアルカリに徐々に侵されるので，ガラス栓を使ったびんに保存すると固着する恐れがある．したがって，アルカリ溶液はゴム栓またはシリコン栓のびんに保存する．

(4) 水と洗浄びん

化学実験で単に水といえば蒸留水やイオン交換水(本実験書では純水と表記)を意味し，水道水とは別のものである．純水は，器具や沈殿を洗浄するのに持ち運びに便利で少量ずつとることのできる洗浄びん(下図)に入れて使用する．

(5) 沈殿の分離

化学反応の過程で，沈殿の生成は随所に見られる．これを液体と分離するには次の方法がある．それらは，沈殿の性質やその量によって適宜選択する．

(5a) ろ過（濾過）

ろ過は，ろ紙を用いて沈殿と液体を分離する方法である．ろ紙の端を合わせるように2回折ると，中心角が90°の扇形ができる．弧の部分を1枚と3枚に分けるように左右に広げると60°の立体角ができ，ガラスロートの内面にちょうど収まる．このとき，折り目の弧側の端を少しちぎると，ろ紙とロートを密着させやすい．ろ紙をロートに入れて少量の純水で湿らせ，気泡をロートの先端から押し出してろ紙とガラス面との間に隙間のないようにする．ロートの足(ガラス管部分)に液が保持された状態で溶液を注ぐのが望ましい．溶液はガラス棒に伝わらせて少量ずつ静かに注ぐ．そうするとロートの足の中につまった液柱に働く重力によりろ過が促進される．下図のように，ロートの足の先端をろ液を受けるビーカーの壁面に伝わらせると，溶液が跳ねて飛び散ることがない．

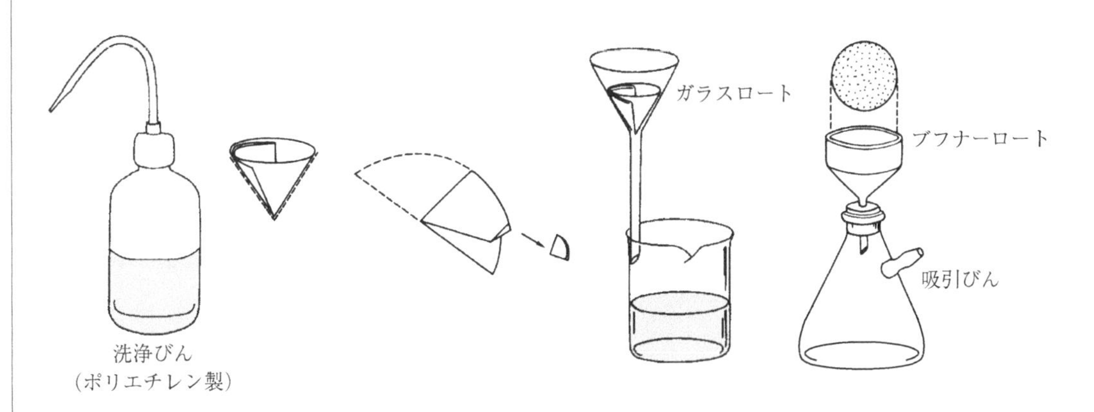

ろ過しにくい沈殿や多量の沈殿をろ過する方法としてブフナーロートを使った吸引ろ過がある(写真参照，p.19)．ブフナーロートを吸引びんの上にのせ，ろ紙をその底面に平らに敷く．次いでアスピレーターや小型吸引ポンプであらかじめ吸引びんの内部を減圧する．その状態で少量の純水や上澄液を加え，ろ紙をブフナーロートに密着させたところに，ガラス棒を伝わらせて溶液を注ぐ．ろ過後は減圧を解除してから，水道またはポンプを停めること．ろ液が目的物の場合，手順を逆にすると水が逆流し，ろ液に混入してしまうことがある．

(5b) デカンテーション（傾斜）

沈殿が重くて多量にある場合は，しばらく静置しておいて沈殿が上澄液とよく分離してから，その上澄液だけを静かに他の容器に流し出す．この操作をデカンテーションという．残った沈殿に純水を加え，沈殿を撹拌し，再び静置してからデカンテーションを繰り返し行うと迅速に洗浄される．

(5c) 遠心分離

液体と分かれにくい沈殿やその量が少ないときは，遠心力を利用して分離する．まず2本の遠心管を用意し両方に分離したい溶液を入れて，同質量であることを確認してからソケットに入れる．初めに低い回転数で作動させ問題がないことを確認し，その後徐々に回転を速め，指定の回転数・時間で遠心力をかける．

(6) 電子天秤と測容器具類

(6a) 電子天秤

電子天秤は約± 0.05 g の精度で薬品をはかるときに用いられ，それ以上の精度が必要なときは分析天秤を用いる．電子天秤の皿に直接薬品をのせてはいけない．通常，パラフィン紙(薬包紙)を使用する．しかし，NaOH 等の吸湿性の固体や薬包紙を侵す薬品は，小ビーカーまたは時計皿を用いる．万が一，薬品によって天秤を汚したら，ただちに清浄にすること．

(6b) 測容器具類

メスシリンダー・ピペット類・ビュレットは注意して取り扱い，(炎で直接)加熱してはいけない．熱で割れる場合があるので，メスシリンダー中で反応を行ったり，濃硫酸を薄めたりしてはいけない．ピペット類・ビュレットは，その先端が正確量をとるために大切であり，破損しないよう注意する．ピペット類で薬品をとる場合は，安全ピペッターを用いる．

これらの容器に液体を入れたとき，液面は半月形(メニスカス)をなしている．これを読むには，水平の位置から見て，そのメニスカスの底部の所の値を読む．目盛りと目盛りの間は目分量で最小目盛りの 1/10 まで読む．最小桁の値が 0 であっても省略しないで記録する．例えば，10.9 と 10.90 ではその数値の精度は異なる．

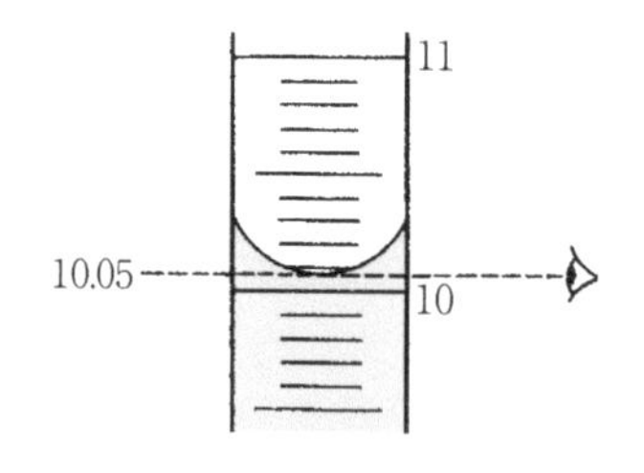

III. 化学実験の実施について

(1) 実験説明

実験をよりよく理解するために，原則として1週間前に実験説明を行う．実験の理論的背景を中心に，操作上の注意点等を講義するので，専用の実験ノートを準備し，講義内容をノートに記録する．また実験開始前に，実験室内のホワイトボードを使いTAが注意事項・実験手順の変更等を連絡するので，当日遅刻をしないこと．

(2) 実験前設問（Pre-Laboratory Questions，以下PLQ）

PLQは実験の位置づけや量的関係，結果を整理するために必要な計算を問題形式にして印刷したものである．これを自分の手で解くことが実験内容の理解に繋がる．(1)の実験説明時に用紙を配付するので，説明終了後に解答を記入し，指定された日時までにPLQ提出用のポストに入れる．PLQは添削して実験当日学生に返却される．

(3) 実験計画書

実験は，実験教科書ではなく自らが作成した実験計画書を見ながら行う．必ず事前に実験計画書を各自の実験ノートに作成しておくこと．実験当日，実験ノートは実験台の上に開いておき，担当TAにより実験計画のチェックを受けた後ノートに検印を受ける．実験計画書を作成していない場合は，実験を許可しない．実験操作および起こる反応の可能性・危険性を十分頭の中に入れてから実験を始めること．実験中は，操作および観察に注意を集中しなければならない．それを助けるために実験操作を簡潔に要約してつくるのが実験計画書である．具体的な方法としては，実験データや観察結果を記入するための空白をあけ，実験ノートとして使えるようにする．そのため，箇条書きに要約することやフローチャートを活用するなどの工夫が必要である(図参照)．実験教科書の丸写しでは意味がない．

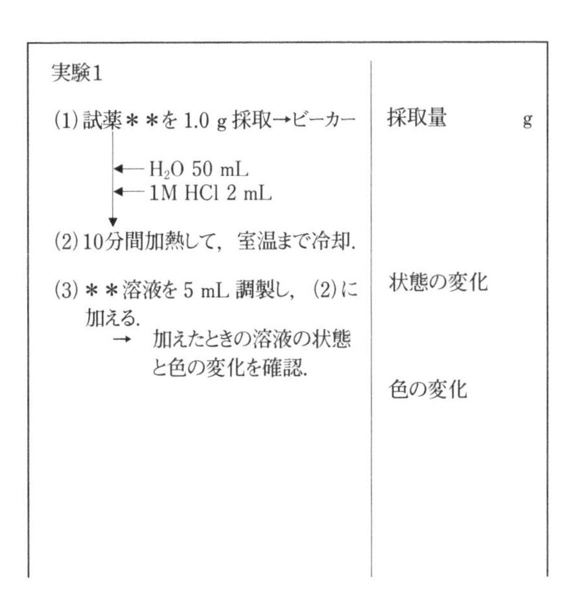

(4) 実験結果の記録

実験ノートとして実験計画書の空欄に実験結果を記入することは，レポートを作成するにあたって最も正確な手がかりとなる．数値や観察の記憶は曖昧となることが多いので，ただちにできるだけ詳細に，いつ読んでも経過がよくわかるように整理しながら記録する習慣をつけることが大切である．観察結果，測定結果だけではなく，途中の所感を書いておくと，後で考察するときの参考になる．ありあわせの紙片等に書くと，紙片の紛失や，書き写しの間違いのため実験を無駄にしてしまうことが多い．簡単な測定結果や計算も直接実験ノートに記録する(例えば，試料の重さをはかるとき，容器の重さと全体の重さを記録し，計算結果も残しておく)．インクは，水や薬品によって滲むので鉛筆やボールペンを用いたほうがよい．データが誤りと思って消すときは，線を引いて消すこと．そのデータのほうが正しいこともあるし，また，何かを暗示している場合もあるからである．

(5) 実験後

実験終了後は，結果を記した実験ノート，PLQ 等を持って担当 TA の席まで出向くこと．実験内容をよりよく理解するため，TA と 2，3 の討論を行い，その後レポート用紙・アンケート用紙(ある場合には次回実験の PLQ)を受け取る．出席の最終確認はこのとき行われるので，無断で帰ってはならない．使用したガラス器具はよく洗ってから水分を切って収納し，過不足をチェック表を用いて確認する．不足分は窓口で補充し，余った分は返却する．実験台を雑巾で拭き，使用後は必ず洗うこと．最後にアンケートに回答し，退出時刻を記入して提出箱に入れる．

(6) レポートの作成

レポートを提出して初めて実験が完了したことになる．レポートは自分で行った実験の内容や結果を正確に記録し，これに基づいて整理した報告書であり，新しい事実や自分の意見を発表するためのものである．記述の順序が正しく，かつ簡潔明快であり筋が通り，読みやすいものでなければならない．

本化学実験では，レポートの形式として 2 種類があり，各テーマのレポートはそれぞれ指定された形式によって作成する．

所定レポート：定まった書式のレポートであり，所定の事項を報告する．

自由レポート：特別に定まった形式のないものであるが，必要と思われる事項の主なものを挙げると次のようになる．

1. 実験テーマ，日付，実験者氏名等

2. 目的：テキストに書いてあるが，レポートを作成するにあたってその目的と意義を再確認する意味から，簡潔に要約する．理論的な説明が必要ならば記入する．

3. 実験方法：主要な器具・試薬・装置・操作および反応条件等，適当にいくつかの事項に分けて主要な点を要約する．実験操作の細部にわたって書く必要はない．

4. 実験結果：いくつかの事項に整理して書き，できるだけグラフや表にする．見てわかりやすく，点の大きさは誤差に対しても適当であることが求められる．実験データから計算してあるデータを求めるとき，計算式も欄外などに記入する．

図表の作成：図と表には図 2 や表 1 のように通し番号を付け，また何の図であるか短い説明を付ける．横軸や縦軸に表す量の名称や目盛りの単位を必ず記入する．グラフ上の測定点は，点ではなく比較的大きく○，●，◑，△などで記入する．標準偏差を用いて ⫯ で表すこともある．測定点を線で結ぶ場合，測定点が線の中に隠れるような取り方をせず，測定点が明瞭である様に記入すること．また，理論曲線の式が明らかな場合，パソコン等を用いて描いてもよい．

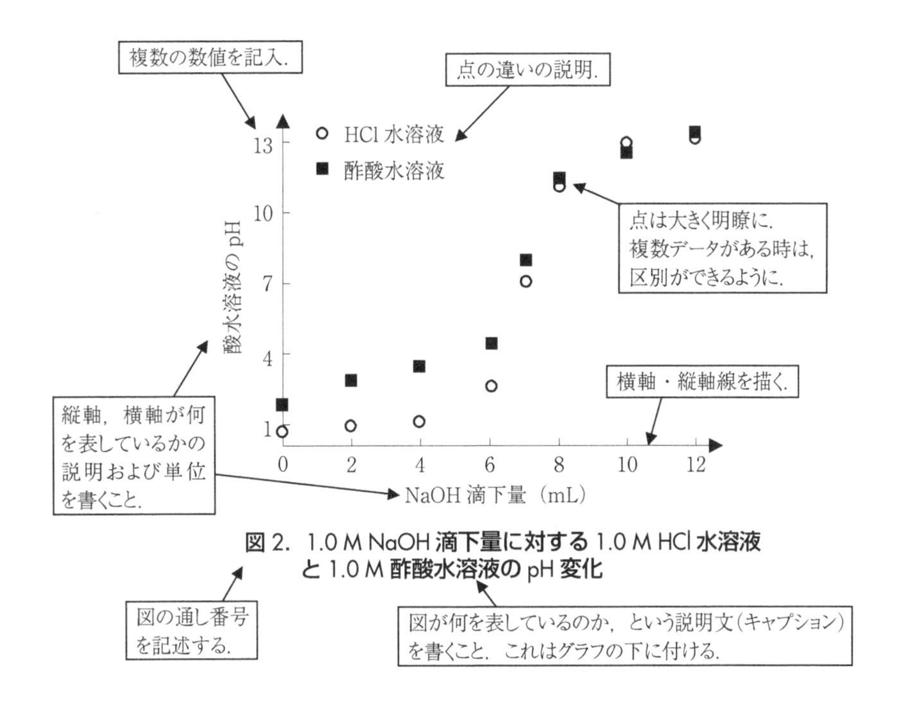

図 2．1.0 M NaOH 滴下量に対する 1.0 M HCl 水溶液と 1.0 M 酢酸水溶液の pH 変化

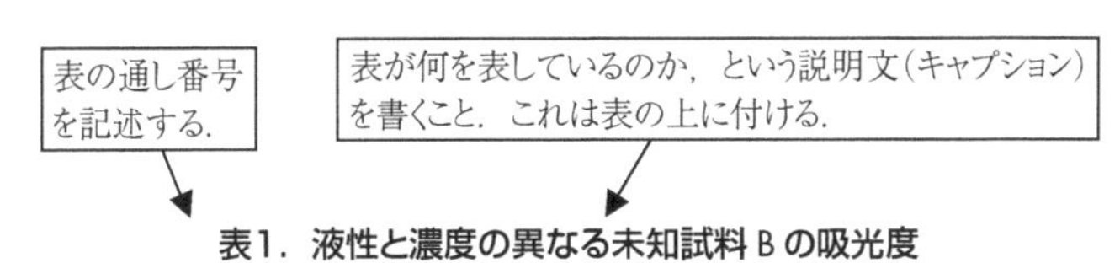

表 1．液性と濃度の異なる未知試料 B の吸光度

液性	波長（nm）	溶液濃度（M）		
		6.50×10^{-6}	1.32×10^{-5}	2.03×10^{-5}
酸性	420	0.021	0.042	0.058
	520	0.378	0.788	0.912
塩基性	420	0.155	0.302	0.380
	520	0.010	0.024	0.041

表作成のポイント
見やすくするために，罫線はなるべく少なくする．
縦罫線をなるべく描かないように，横罫線も大きな区切りのところにのみ入れるように心がけると良い．ただし，表の一番上と下の横罫線は必ず入れること．

5. 考察：レポートのうち考察が最も重要である．これは単なる感想ではなく，科学的根拠に基づいて，実験経過や実験結果を考察する．科学的根拠は，実験事実や理論でなくともよく，参考書や文献から引用して議論を進めてもよい．引用した数値や文献等は出自を明らかにする必要がある．特に，数値の取り扱いは重要で，その誤差についての議論も必要である．その他，自由な科学的発想と創造性をもって書くとよい．

6. 結論

7. あとがき：感想，意見など

6，7は場合によってはその一部を省略しても良い．

自由レポートを提出する時は，指定の表紙を付ける．レポートは指定された日時までにレポート提出箱に入れる．期限を厳守すること．

(7) 実験人数

実験は1人で行う場合と，2人1組で行う場合がある．実験によっては，1人で行うことが困難な場合もあるので，共同実験者が欠席したときはTAに申し出ること．

(8) 出欠席点検

実験中に出欠席を点検する．無断で帰ってはならない．欠席した場合，補充実験は原則として行わない．

(9) 実験室における掲示

実験予定の変更などは，掲示板に掲示する．また，他の伝達事項等を掲示する場合もあるので，掲示板に留意すること．

(10) 有害廃液・ゴミの回収と処理

実験に伴って発生する実験系廃棄物は，重金属や有機溶媒等を比較的高濃度に含む実験廃液，器具の洗浄水(1次，2次洗浄水＝実験廃液)，薬品の付着したガラス容器，ゴム手袋，ろ紙など様々である．基本的に，実験の結果生じた廃棄物はすべて適切な処理をほどこし無害化しなければならない．実験者は，自分が出した廃棄物の処理，無害化について最終段階まで責任を負っていることを十分認識するとともに，地球規模での環境保全と資源の有効利用が緊急の課題となっている今日においては，廃棄物の発生量をできるだけ軽減するよう努力することが強く求められている．

(10a) 固形ゴミの分別回収

有毒な薬品の付着したゴミを一般廃棄物として捨ててはいけない．また，資源の有効な再利用の観点からもゴミの分別回収を徹底すること．ゴミの量は極力少なくするよう努力すること．ゴミの分別について，詳しくはテーマごとに指示されるが，一般的に本学では以下のように分類されている．

○産業廃棄物(薬品の付着したろ紙・手袋等)

○可燃ゴミ(薬品の付着していない紙くず等)

○ガラス類(破損したガラス器具)

○不燃ゴミ(プラスチック類)

(10b) 有害廃液（重金属固体を含む）の分別回収

◎有害廃液は流しに捨てない

実験室の流しは公共用下水道にそのまま繋がっている．有害廃液を流しに捨てることは周辺地域の環境を破壊する行為であるので，絶対にしてはならない．本書の実験では，テーマによってはCr，ZnあるいはCuなどの重金属や有害な有機化合物を含む廃液が出る場合があるが，これらは分別して回収する．また原則として，そのような実験に使用した容器については，1次・2次洗浄液も回収する．実験廃液の回収方法(分別，何次洗浄液まで回収するか等)については，テーマごとに実験説明時に指示がある．また，実験室のホワイトボードにも指示が記してあるので，必ず実験前に目を通しておくこと．特に注意を要する有害物質については巻末の付表4を参照のこと．

◎有害廃液は分別して回収する

実験廃液は，実験廃液処理施設において無害化処理される．しかし，様々な成分を含む廃液を1つの方法で処理できる技術は存在しない．そこで，本学では重金属を含む廃液は，学内でそれぞれの重金属に応じた方法でフェライト化処理し(強磁性のフェライトとした後，磁気で分離処理する方法)，有機廃液についてはそれぞれの種類に応じた方法での燃焼処理を学外の専門業者に委託している．したがって実験廃液は，その成分に応じて分別して回収する必要がある．

廃液は発生した時点でできるだけ他と混和せずに分別処理する必要がある．原点処理，すなわち発生源にて処理することは処理システムの中でも極めて重要な位置を占める．各実験では，実験前に分別回収の指示を確認し，余分にある各自のビーカーに分類のマーク(すりガラスの部分に鉛筆等で印を付ける)をして，廃液を分別回収する．ビーカー内の廃液は，指定された廃液回収タンクに入れる．この際，指定された廃液以外のものを混入させると，廃液全体の処理が困難になるので十分に注意すること．特に中身の成分が不明の廃液の処理は著しく困難である．もし，廃液を混合してしまった場合には，ただちにTAに申し出ること．

◎実験廃液の量を増やさない

指示された量以上の試薬は用いないようにし，また廃液をむやみに希釈しないようにして，廃液の量を極力減らすよう努力する．特に，容器の洗浄に不必要に大量の水を用いて1次・2次洗浄液の量を増やさないよう注意すること．一度に大量の水を使うより，少量の水で複数回洗浄する方が廃液回収には有効である．

■ 参考文献

・「第8版 実験を安全に行うために」化学同人編集部編，化学同人
・「第4版 続 実験を安全に行うために」化学同人編集部編，化学同人
・「実験データを正しく扱うために」化学同人編集部編，化学同人
・「健康・安全手帳」東京工業大学総合安全管理センター編

IV. 通常試薬と実験器具・装置

通常よく使用する試薬類，その濃度(M = mol/L)および調製法を以下に示す．

試薬	濃度 (wt%)	濃度 (M)	調製法
酸			
濃塩酸	36	12	市販の濃塩酸をそのまま使用する．
希塩酸	20	6	濃塩酸 1 容を 1 容の純水に薄める．
濃硫酸	96	18	市販の濃硫酸(比重 1.84)をそのまま使用する．
希硫酸		9	濃硫酸 500 mL を 400 mL の純水にかき混ぜながら徐々に加え，最後に全容を 1 L とする．
		3	濃硫酸 1 容を 5 容の純水にかき混ぜながら徐々に加える．
濃硝酸	61	14	市販の濃硝酸(比重 1.38)をそのまま使用する．
希硝酸		6	濃硝酸 430 mL を純水で 1 L に薄める．
氷酢酸	99.5	17	市販品をそのまま使用する．
希酢酸	35	6	氷酢酸 350 mL を純水で 1 L に薄める．
塩基			
水酸化ナトリウム溶液	20	6	市販の水酸化ナトリウム 240 g を純水に溶かし 1 L とする．
濃アンモニア水	28	15	市販の濃アンモニア水(比重 0.9)をそのまま使用する．
希アンモニア水	10	6	濃アンモニア水 400 mL を純水で 1 L に薄める．
指示薬			
メチルレッド	0.1		酸性で赤色，アルカリ性で黄色(変色域 pH4.4 ～ 6.2)．色素 0.1 g を 100 mL のエタノールに溶解．
メチルオレンジ	0.1		酸性で赤橙色，アルカリ性で黄色(変色域 pH3.1 ～ 4.4)．色素 0.1 g を 100 mL の熱湯に溶解し，一度ろ過して使用．
フェノールフタレイン	0.1		酸性で無色，アルカリ性で赤色(変色域 pH8.0 ～ 9.8)．粉末 0.1 g を 100 mL のエタノールに溶解．

常備器具

器具名	規格	数
ビーカー	50 mL	2
	100 mL	2
	300 mL	1
コニカルビーカー	200 mL	2
三角フラスコ	200 mL	1
ロート		2
時計皿		2
試験管	中型	20
メスシリンダー	20 mL	1
	100 mL	1
ガラス棒		2
ピペット	5 mL	1

器具名	規格	数
温度計	150℃	1
洗浄びん	250 mL	1
試験管立て		1
バーナー		2
三脚		2
金網		2
ブラシ	小	1
	中	1
	大	1
洗かご		1
雑巾		1
水浴		1
防護メガネ		2

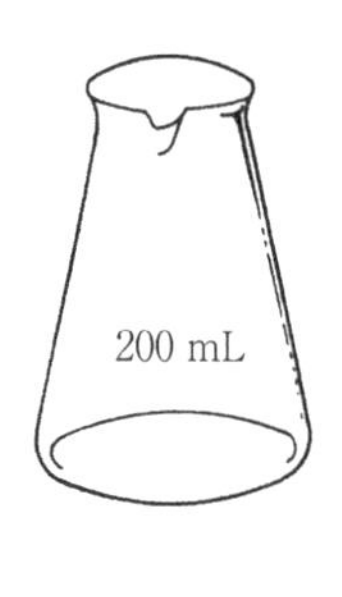

コニカルビーカー

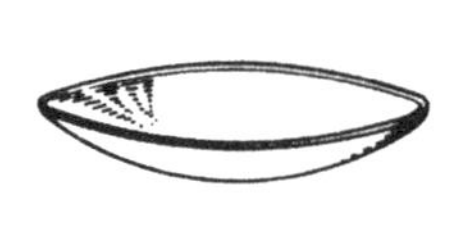

時計皿

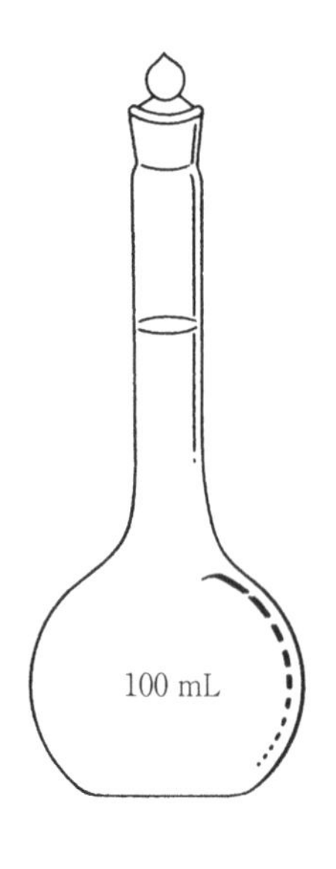

メスフラスコ

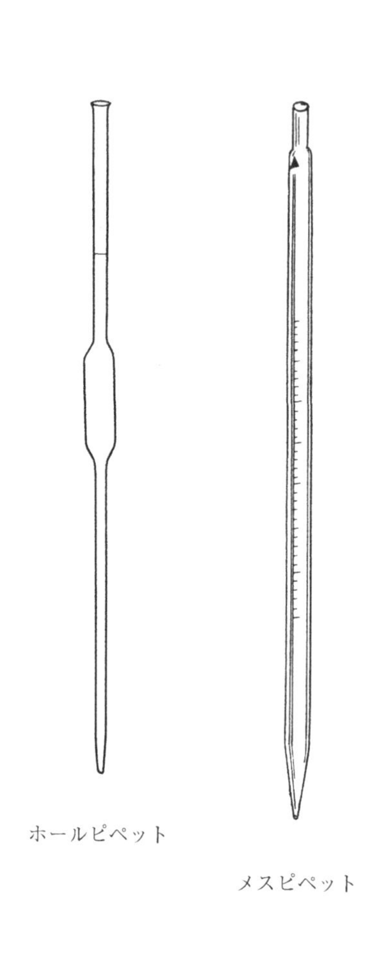

ホールピペット

メスピペット

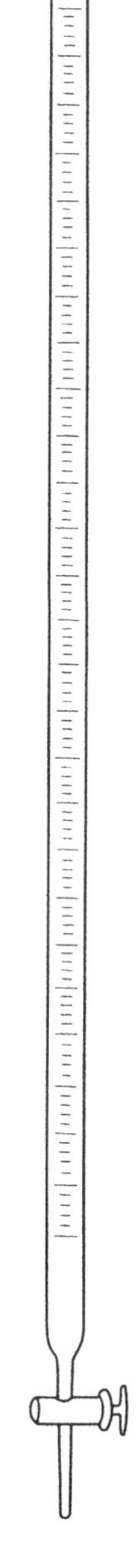

ビュレット

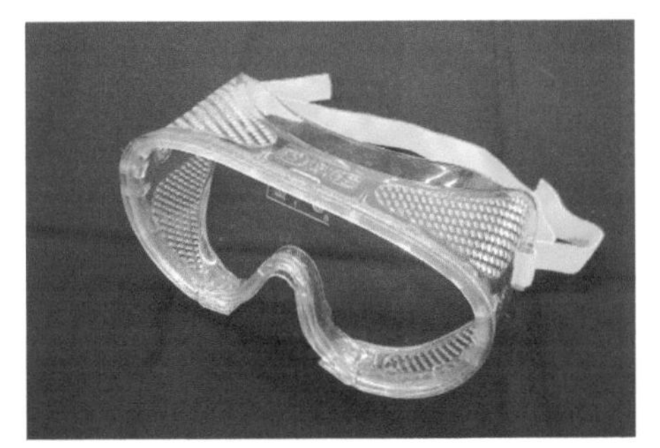
防護メガネ

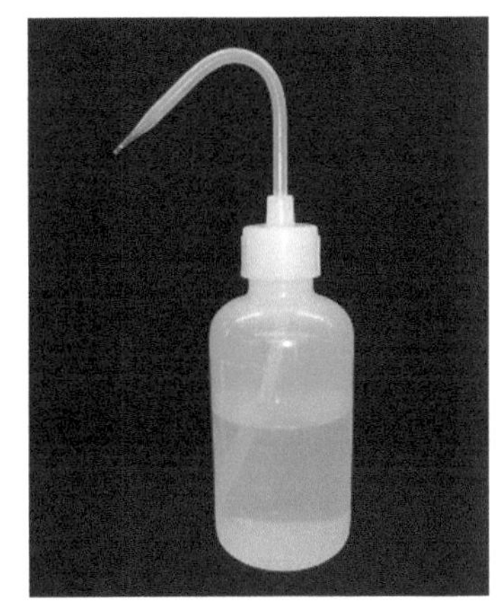
洗浄びん

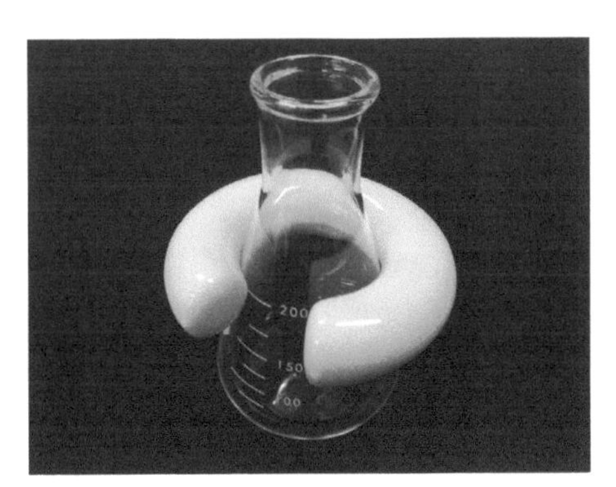
三角フラスコ固定リング

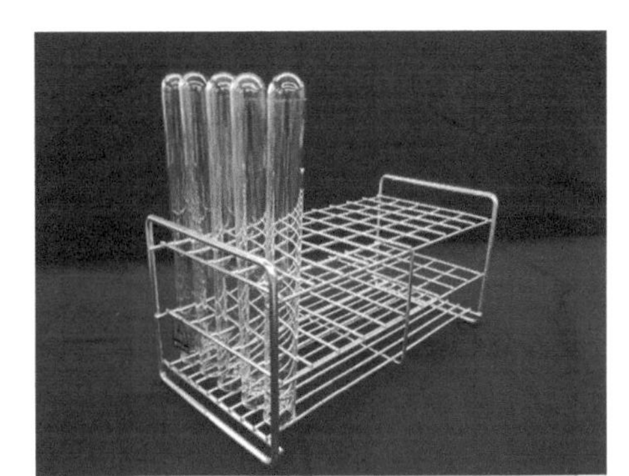
試験管立て

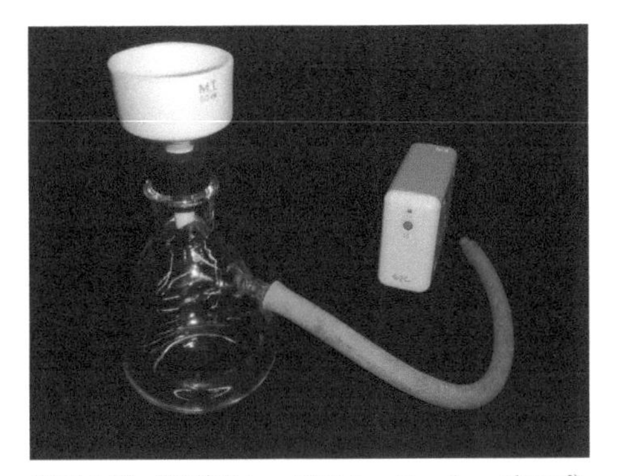
吸引ろ過（吸引びん，ブフナーロート，ポンプ）

バーナー・三脚・水浴

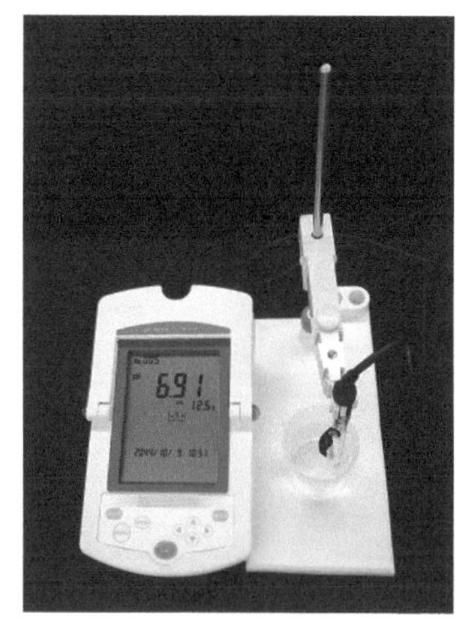

pH メーター

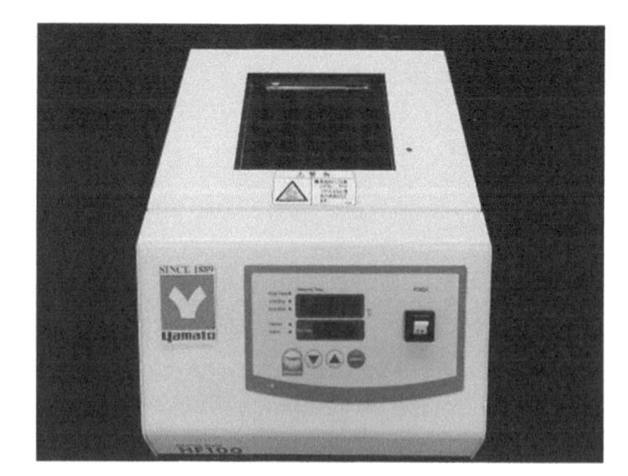

ヒーティングブロック

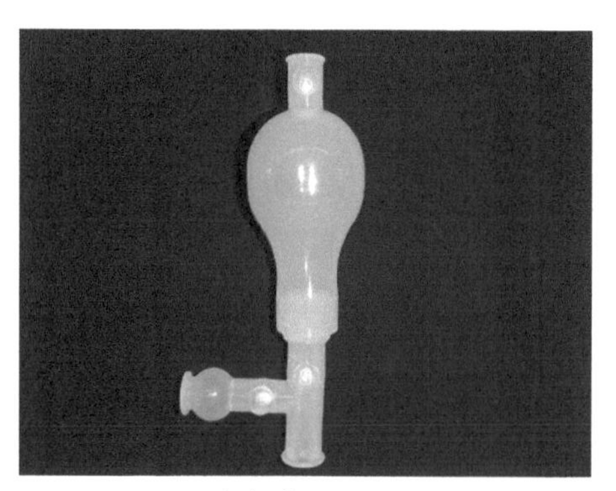

安全ピペッター

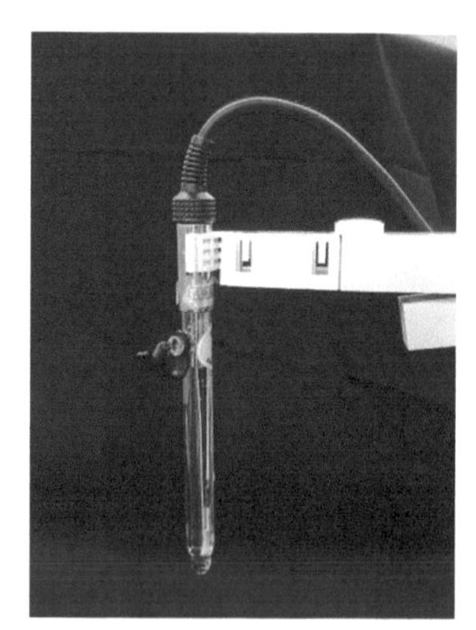

ガラス電極

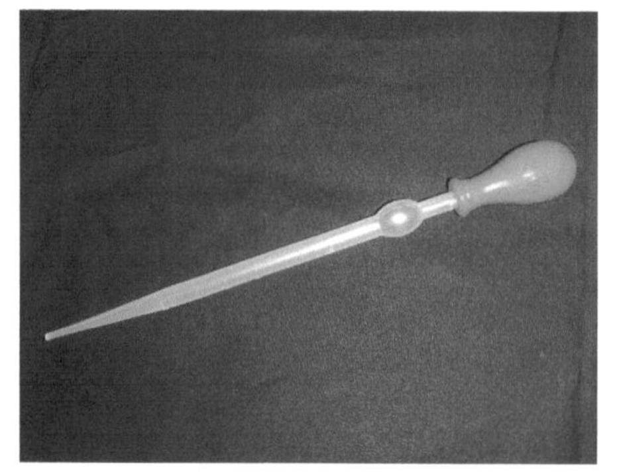

ピペット

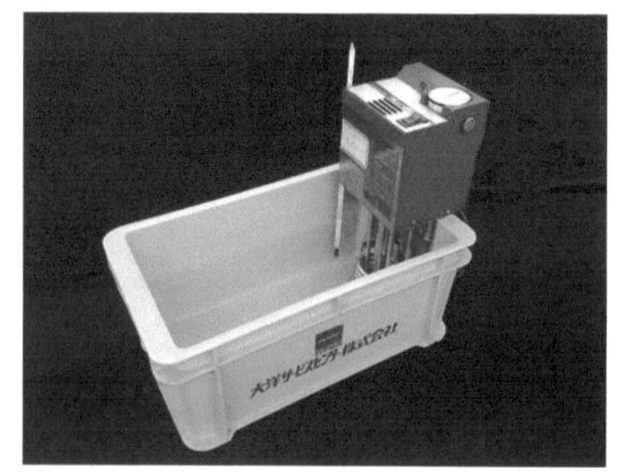

恒温槽

電子天秤

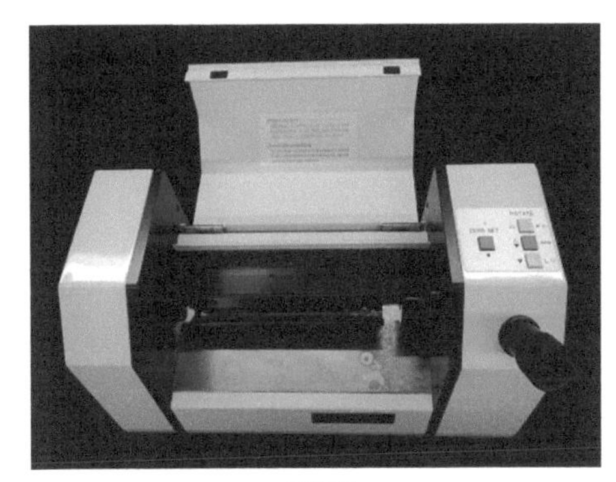
偏光計

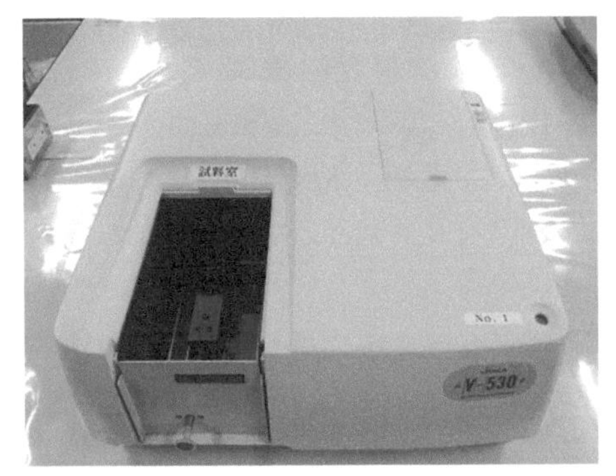

分光光度計

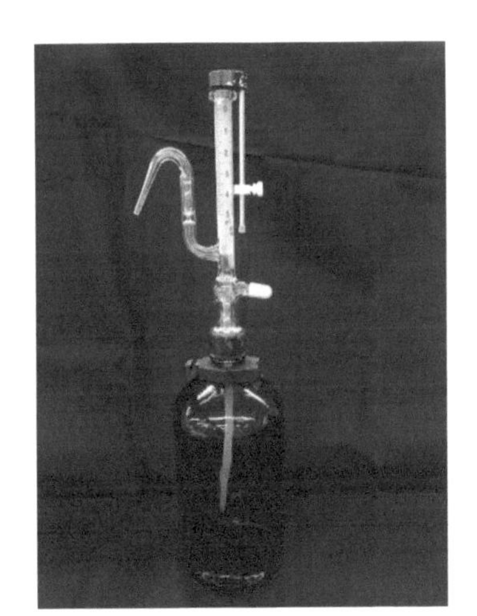
オートビュレット

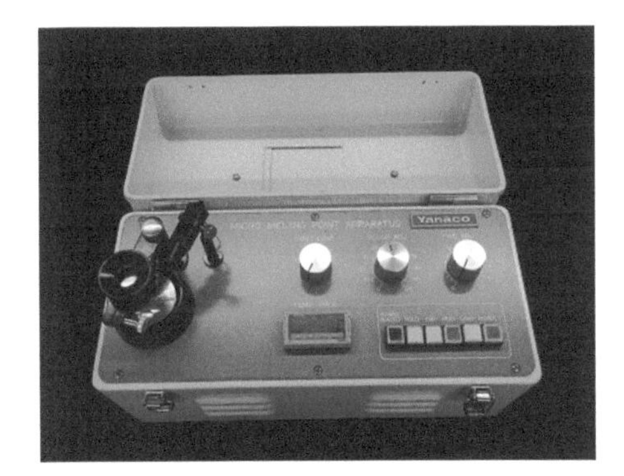

融点測定器

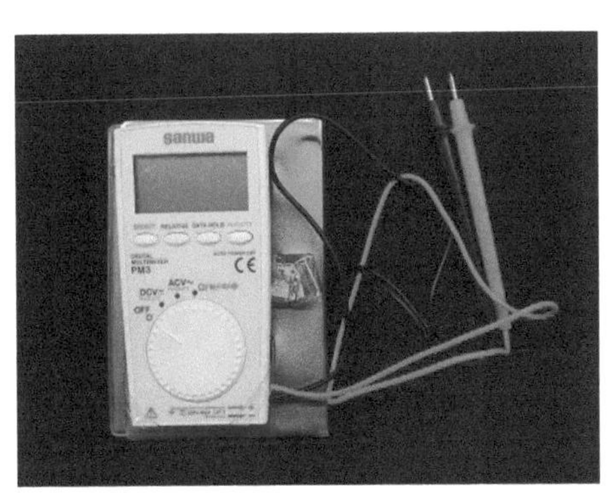

ボルトメーター

簡易ドラフト

1. ミョウバンの結晶

カリウムアルミニウムミョウバン，$KAl(SO_4)_2 \cdot 12H_2O$

〈平均終了時間－3 時間 10 分〉

ミョウバンとは1価の陽イオンの硫酸塩($M^I_2SO_4$)と，3価の金属イオンの硫酸塩($M^{III}_2(SO_4)_3$)からなる複塩の総称である．一般式$M^I_2SO_4 \cdot M^{III}_2(SO_4)_3 \cdot 24H_2O$(または$M^IM^{III}(SO_4)_2 \cdot 12H_2O$)で表され，1 mol あたり 12 mol の水を結晶水として含む．等軸晶系(立方晶系)に属する結晶であり，$[M^I(H_2O)_6]^+$，$[M^{III}(H_2O)_6]^{3+}$および2分子のSO_4^{2-}から構成される．表1に各種ミョウバンとその性質を示す．

表1．各種ミョウバンの性質，$M^IM^{III}(SO_4)_2 \cdot 12H_2O$

M^{III}	M^I	
	NH_4	K
Al	無色 融点 93.5℃	無色 融点 92℃ (結晶水に溶ける)
Co	暗青色	深青色 水により分解
Cr	紫色 融点 94℃ (結晶水に溶ける)	紫色～ルビー色 融点 89℃
Fe	無色 融点 40℃	淡紫色 融点 33℃
Ir	黄金色 融点 105 ～ 106℃	黄色 融点 96 ～ 103℃
Mn	赤色 水により分解	赤色
V	紫色	紫色 融点 20℃ (結晶水に溶ける)

代表的なミョウバンとして，硫酸カリウムアルミニウム(カリウムアルミニウムミョウバン)$KAl(SO_4)_2 \cdot 12H_2O$がある．ミョウバンは複塩なので，その水溶液は，例えばカリウムアルミニウムミョウバンの場合，K_2SO_4と$Al_2(SO_4)_3$の等量混合溶液と同じものになる．ミョウバンは水の清澄剤，染料の媒染剤，皮革のなめし剤などのほか，製紙用，顔料用，食品添加物，医薬品(収斂性の薬)などの原料として用いられる．

本実験では，金属アルミニウム(アルミ箔)，水酸化カリウム，および硫酸を用いて，以下に示す反応式に従ってカリウムアルミニウムミョウバンを合成し，再結晶法により精製してミョウバンの結晶を得ることを目的とする．併せて，本実験を通じて基礎的な実験操作を習得する．

(1) 金属アルミニウムの溶解

$$2Al + 2KOH + 10H_2O \rightarrow 2[Al(OH)_4(H_2O)_2]^- + 2K^+ + 3H_2$$

(2) 中和反応

$$2[Al(OH)_4(H_2O)_2]^- + H_2SO_4 \rightarrow 2Al(OH)_3 + 6H_2O + SO_4^{2-}$$

(3) $Al(OH)_3$ の溶解

$$2Al(OH)_3 + 3H_2SO_4 \rightarrow 2Al^{3+} + 3SO_4^{2-} + 6H_2O$$

(4) 結晶の析出

$$Al^{3+} + K^+ + 2SO_4^{2-} + 12H_2O \rightarrow KAl(SO_4)_2 \cdot 12H_2O$$

実験操作

器具・装置　ビーカー(100 mL，50 mL)，メスシリンダー(20 mL)，ガスバーナー，三脚，金網，吸引びん，ブフナーロート，ポンプ，ロート，ロート台，ろ紙，電子天秤，スライドグラス，顕微鏡，ホットハンド，ガラス棒，ピペット

試薬　アルミ箔，水酸化カリウム(固体)，濃硫酸

[実験 1] ミョウバンの合成

時計皿を用いて水酸化カリウム 1.6 g を電子天秤ではかり取り，100 mL のビーカーに移してから 15 mL の純水に溶かす．次に，アルミ箔(0.4 g)の重さを正確に秤量し，小片(5 mm 角程度)にちぎりながら水酸化カリウム水溶液に投入する．約半分くらい投入したら，時計皿の凸面を下にしてビーカーに被せる(蓋をする)．アルミ箔はガスを発生しながら溶解する．ガスの発生が弱まったら，残りのアルミ箔をちぎりながら加えて溶解させる．ここで生じた沈殿物(注 1)は，ろ過により取り除く．

濃硫酸 3 mL をオートビュレットのついた試薬びんから試験管に採取し，10 mL の純水(50 mL ビーカー)に撹拌しながらゆっくり加え，希硫酸を調製する．次に，希硫酸をろ液に少しずつ撹拌しながら加えて中和する．このとき水酸化アルミニウムが白色沈殿となって析出する．希硫酸を全量加えた後，さらに濃硫酸 3 滴を加え，続いてビーカーを加熱して沈殿を完全に溶解させる．溶液が突沸しないように撹拌しながら加熱し，約 15 mL になるまで濃縮する．加熱を止めて放冷し，さらに氷浴で冷却するとミョウバンが析出してくる．ガラス棒で撹拌して十分に結晶を析出させた後，吸引ろ過で結晶を集め，ろ紙で水分を除く．得られた粗製ミョウバンの結晶を電子天秤で秤量し，収率を計算する．

[実験 2] ミョウバンの精製（再結晶）

約 10 mL の純水に[実験 1]で得られた粗製ミョウバンを加え，さらに濃硫酸 1，2 滴を加えてから静かに加熱して結晶を溶解させる．ただし，純水の量は粗製ミョウバンの収量により調節

(注 1) 純粋な金属アルミニウムを水酸化カリウム水溶液に溶解した場合，沈殿物は生じない．本実験で用いる市販のアルミ箔には不純物として微量の鉄などが含まれており，これらによって黒色の沈殿物が生ずる．

(注 2) ミョウバンの単結晶の合成

加熱したミョウバン飽和溶液を放冷する際に，糸を溶液中につるすと，これに小さな単結晶が付着する．種として 1 個だけを残して再び溶液中に糸をつるし，溶液をゆっくり冷却すると，正八面体の大きな単結晶をつくることができる．

する．

この溶液を放冷・氷冷するとミョウバンが析出する．得られた精製ミョウバンを[実験 1]と同様に吸引ろ過・乾燥し，秤量・収率計算を行う．最後に，ごく少量の結晶(注3)をスライドグラスにのせ，顕微鏡で観察する．得られた結晶はろ紙にはさみ，ディスカッション時にインストラクターに提出する．

[注意点]白衣と防護眼鏡は必ず着用する．また，濃硫酸を扱う際は手袋を着用すること．ただし，火を扱う時は手袋をはずすこと．

表 2．カリウムアルミニウムミョウバンの溶解度（100 g の水に溶解する無水 $KAl(SO_4)_2$ のグラム数）

温度(℃)	0	10	20	25	30	40	60	80	92.5	100
溶解度	3.0	4.0	5.9	7.23	8.39	11.70	24.75	71.0	119.5	154

[注意]この表において，92.5℃はミョウバン $KAl(SO_4)_2 \cdot 12H_2O$ の融点である．この温度では，ミョウバンの結晶がその結晶水に溶ける．

研究問題

問 1 アルミニウム 0.4 g を完全に溶解させるためには，KOH は最低何 g 必要か計算せよ．

問 2 アルミニウム 0.4 g に KOH 1.6 g を加えて溶解させた場合，この溶液を中和して $Al(OH)_3$ を得るのに必要な H_2SO_4 の物質量および質量を求めよ．また，これは濃硫酸何 mL に相当するか．ただし，濃硫酸の比重は 1.84，純度は 95.0% であるとする．

問 3 中和により生成する $Al(OH)_3$ を，すべて $Al_2(SO_4)_3$ に変えるのに必要な H_2SO_4 の物質量および質量を求めよ．また，これは濃硫酸何 mL に相当するか．

問 4 [実験 1]で得られる粗製ミョウバンの理論収量は何 g か．

問 5 80℃のミョウバン飽和溶液 100 g を 20℃まで冷却したとき，理論上は何 g のミョウバンの結晶が析出するか．

問 6 ミョウバンを純水に溶解した場合，液性は何性を示すか．また，その理由を考えよ．

問 7 粗製ミョウバンと精製ミョウバンの収量はそれぞれ何 g であったか．また，両者の違いについて考察せよ．

問 8 [実験 2]において，濃硫酸を 1，2 滴加えるのはなぜか．

■ 参考文献

・ミョウバンについて：無機化学の参考書，例えば「コットン・ウィルキンソン・ガウス基礎無機化学」F. A. Cotton, G. Wilkinson, P. L. Gauss 著，培風館など．

・加熱・冷却，ろ過，再結晶などの基本操作について：例えば「第 3 版 続 実験を安全に行うために」化学同人編集部編，化学同人など．

2. クロムの化学

〈平均終了時間－2時間30分〉

クロムは遷移元素の一種で，現代社会では重要な金属の1つである[注1]．例えば，耐熱性，強靱性，耐腐食性や高い弾性値をもたせた鉄鋼(特殊鋼)は．はさみや包丁，流し台のステンレスから自動車・航空機部品，建築構造材など幅広く使われているが，クロムをはじめとする金属を添加することで高品質・高機能化を実現している．また，化学的にも，広い酸化数(原子価)をとりうる興味ある元素である．一般にクロムをはじめとする遷移元素の化合物では，低原子価のものには還元性があり，酸化性の物質と反応して低い酸化状態から高い酸化状態へと移る．また，高原子価の化合物は酸化性があり，自らは容易に還元されて高い酸化状態から低い酸化状態へと変わる．ここでは様々な酸化数をとりうる遷移金属元素の例の1つとしてクロムを取り上げ，各酸化状態でのクロムに関する定性的な実験を行う．

下の表に，各酸化状態におけるクロムの単体，酸化物，イオンなどの名称を記しておくのでこれを参考にして実験を行うこと．

表1．クロムの酸化状態

酸化数	酸化物，単体	イオン	名　称
＋6	CrO_3		三酸化クロム
		CrO_4^{2-}	クロム酸イオン
		$Cr_2O_7^{2-}$	二クロム酸イオン
＋3	Cr_2O_3		酸化クロム(III)
		$Cr(OH)_4^-$	亜クロム酸イオン
		Cr^{3+}	クロム(III)イオン
＋2		Cr^{2+}	クロム(II)イオン
0	Cr		金属クロム

(注1) 工業製品の製造には無くてはならないが，供給に不安のある金属元素をレアメタル(希少金属)と呼ぶ．世界共通の定義はないものの，日本では1984年に通商産業省(現経済産業省)が31鉱種をレアメタルに指定した(希土類はまとめて1鉱種とする)．クロムもレアメタルの1つである．

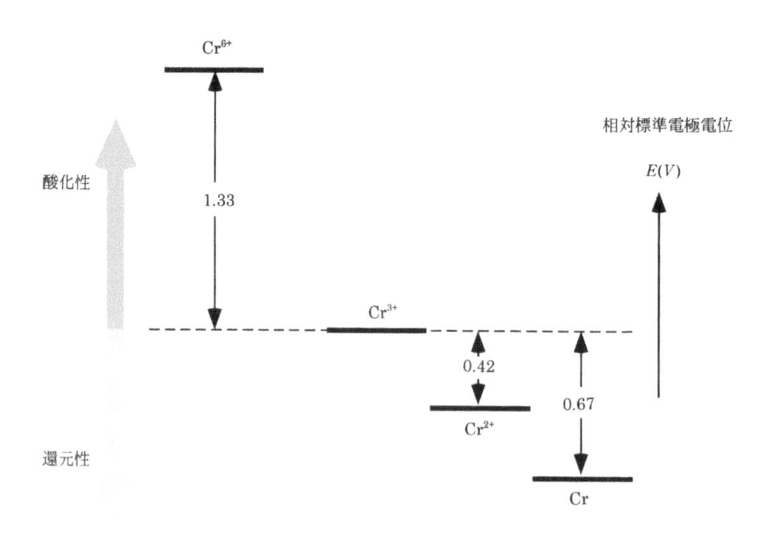

図 1. クロムの酸化状態と相対標準電極電位

実験操作

器具　試験管，スパチュラ

試薬(注 2)　金属クロム片，粉末亜鉛，Na_2SO_3，$FeSO_4 \cdot 7H_2O$，次の各溶液：0.1 M $Cr(NO_3)_3$，0.1 M $CuSO_4$，0.1 M K_2CrO_4，5 % CrO_3 溶液，3 % H_2O_2，0.1 M $BaCl_2$，6 M HCl，3 M H_2SO_4，6 M NH_3aq，6 M NaOH

[実験 1-1] 金属クロム

試料として金属クロム小片を用いて，各種の酸との反応性を確かめる実験を行う．

試験管に 6 M HCl 溶液約 3 mL を加え，静かに温めながら気体の発生および溶液の色の変化を観察する．このとき管を軽くたたくと，反応が突然始まることがある．金属クロムが溶解すれば気体が発生し，その溶液が呈色することから反応が起きたことがわかる．発生するガスの可燃性を試験してみる．このとき生成するイオンは最初青色のクロム(II)イオンであるが，これはただちに空気により酸化されてクロム(III)イオンとなり，溶液は緑色になる．この緑色の溶液は別の試験管に移して，次の[実験 1-2]で用いる．

金属クロムを 3 M H_2SO_4 溶液に溶かす．クロムを希硫酸と反応させるには，まず希塩酸により酸化被膜を除去しなければならない．塩酸と反応したクロムを純水で洗ったあと，ただちに 3 M H_2SO_4 溶液約 3 mL を加える．水素が発生しない場合は，塩酸と反応させるところからやり直す．この場合，生成するクロム(II)イオンは比較的安定で，Cr^{2+}を含む青い溶液が生じる．この溶液も[実験 1-2]で使用するので保存しておく．なお，この反応は非常に遅いので，十分な濃度の Cr^{2+}溶液ができるまで静置しておく．この間に[実験 2]［実験 3]を行う．

(注 2) この実験で使用する薬品類は毒性の強いものが多いので，絶対に流しに捨ててはいけない．すべてポリタンクに回収すること．使用した金属クロム片も必ず回収すること．

[実験 1−2] クロム (II) イオン

[実験 1−1]で得られたクロムの塩酸溶液が青色に変化するまで，少量(スパチュラ 2 杯)の粉末亜鉛を加える(試験管を振らないこと)．あらかじめ 0.1 M $CuSO_4$ 溶液 1 mL を別の試験管に用意しておき，青色に変化したクロム溶液をスポイトにより採取してこの溶液に加える．このとき生じる変化を注意深く観察する．この際，粉末亜鉛が混入すると，Cu^{2+}は亜鉛によっても還元されて金属銅として析出し，これがクロム(II)イオンによるものか亜鉛によるものかが区別できなくなる．スポイトでクロム溶液を採取するときには，粉末亜鉛が混入しないように十分注意すること．

[実験 1−1]で調製したクロムの硫酸溶液を，上記と同様に $CuSO_4$ 溶液に加えてその変化を観察する．なお，この場合，溶液中のクロムのイオンは大部分が Cr^{2+}と考えられるので，亜鉛を加えて Cr^{3+}を還元する必要はない．

[実験 2] クロム (III) イオンと酸化クロム (III)

クロム(III)イオン(Cr^{3+})は，水溶液中で H_2O，Cl^-，あるいは OH^-などの化学種との間でいろいろな型の配位化合物をつくり，その色は配位子およびその数により紫から緑まで多様である．0.1 M $Cr(NO_3)_3$ 溶液と，[実験 1−1]で調製した Cr^{3+}の塩酸溶液の色の違いについて考える．

0.1 M $Cr(NO_3)_3$ 溶液 3 mL に，6 M NaOH 溶液を 1 滴ずつ沈殿ができるまで加える．この沈殿は過剰の NaOH に溶けるはずである．さらに 1 滴ずつ沈殿が消えるまで加える．同様にして 0.1 M $Cr(NO_3)_3$ 溶液 3 mL に 6 M NH_3 aq 溶液を 1 滴ずつ加え，生成する沈殿を NaOH 溶液によるものと比較する．さらに 6 M NH_3 aq 溶液を 1 滴ずつ加えていき，この沈殿が過剰のアンモニア水に可溶かどうかを調べる．

上の過剰の NaOH 溶液を加えた溶液に 3% H_2O_2 溶液を 1 滴ずつ加え，その溶液の色の変化を注意深く観察する．生成するイオンは 6 価のクロムを含んでいる．

[実験 3] クロム酸塩，ニクロム酸塩，三酸化クロム

5% CrO_3 水溶液 0.5 mL に，純水約 1 mL を加えて得られる溶液について以下の実験を行う．まずリトマス試験紙をつけて液性をテストする．次に少量の 6 M NaOH 溶液を加えて，溶液をアルカリ性にし，そのとき起こる色の変化を観察する．この溶液に 6 M HCl 溶液を 1 滴ずつ加えて，そのとき起こる色の変化を観察する．

次に，試験管 3 本に，0.1 M K_2CrO_4 溶液約 1 mL に純水 1 mL を加えた溶液を用意する．1 つの試験管には 6 M HCl 溶液 5 滴を加え，他の 1 つには 6 M NaOH 溶液 5 滴を加えて，それらの溶液の色を観察する．次にこれら 3 本の試験管に 0.1 M $BaCl_2$ 溶液を数滴ずつ加えて沈殿の生成の有無を観察する．溶液の色および Ba^{2+}を加えたときの沈殿生成の有無から，これらの溶液中に含まれていると考えられるイオン種を考察し，ル・シャトリエの法則を用いて実験結果を説明せよ．

酸性溶液中の $Cr_2O_7^{2-}$は比較的強い酸化剤であるので，例えば，Fe^{2+}を酸化することができ，このとき Cr^{3+}と Fe^{3+}が生成する．0.1 M K_2CrO_4 溶液 1 mL に 3 M H_2SO_4 溶液 1 mL と純水 1 mL を加えたものに，$FeSO_4 \cdot 7H_2O$ の結晶を数個加える．同様な実験を粉末の Na_2SO_3 を用いて繰り返す．溶液をかき混ぜないで生成する Cr^{3+}イオンの色を観察する．

研究問題

問 1 金属クロムの反応性について，酸の種類によりどのような違いがあるか，またそれはなぜかを説明せよ．

問 2 酸性溶液中で，粉末亜鉛と Cr^{3+} イオンの混合物に $CuSO_4$ を加えたときに起こり得ると考えられる反応式をすべて書いて，付表 3 の「標準電極電位」を参考にしながら実験結果を説明せよ．また，このことから[実験 1-2]を行う上でどのような注意が必要であるか考察せよ．

問 3 クロム酸イオンと二クロム酸イオンとの間の平衡式を書き，これとル・シャトリエの法則を用いて溶液の色の変化や Ba^{2+} を加えたときの反応性の違いを説明せよ．

問 4 $Cr_2O_7^{2-}$ と還元剤($FeSO_4$，Na_2SO_3 など)との反応を付表 3 の「標準電極電位」を用いて説明せよ．なお，この反応は 6 価クロムを 3 価クロムにする重要な反応である．

問 5 6 価クロムの毒性について検討せよ．また，6 価クロムによる健康被害が社会問題となった過去の事例について調査せよ．

3. イオン交換

〈平均終了時間－2時間40分〉

イオン交換反応とは，ある固体物質中に静電気的に結合しているイオンが，その物質が接触している液体中の同符号の異種イオンと交換する反応である．このような性質を有する固体をイオン交換体といい，陽イオンを交換する性質を有する固体を陽イオン交換体，陰イオンを交換する性質を有する固体を陰イオン交換体という．

イオン交換反応は，太古から大自然の中で繰り返し行われている．海岸近くの地下水でも比較的塩分が少ないのは，Na^+，Cl^-などがイオン交換によりある程度土壌に捕捉されるためであると考えられる．天然に産する物質でイオン交換反応を行うものには，土壌のほか，粘土，ゼオライト，パームチット，グリーンサンド，セルロース，ある種のタンパク質，腐葉土などが知られている．イオン交換反応が注目されたのは，いわゆるイオン交換樹脂が開発されてからである．これは有機化学的に合成された重合体で，立体的な網目構造をもち，そのところどころにイオン交換に関与する官能基（イオン交換基）をもつ．イオン交換基が酸性基（例えばスルホン基$-SO_3H$やカルボキシル基$-COOH$）の場合は陽イオン交換樹脂となり，塩基性基（例えば第4級アンモニウム基など）の場合は陰イオン交換樹脂となる．また，それらの官能基の強弱により強酸性，弱酸性あるいは強塩基性，弱塩基性というように区別する．

強酸性陽イオン交換樹脂の代表的な例としてスチレンスルホン酸型樹脂がある．これは，スチレンとジビニルベンゼンとを共重合させ，濃硫酸などでスルホン化して得られる．模式的な構造を図1に示す．

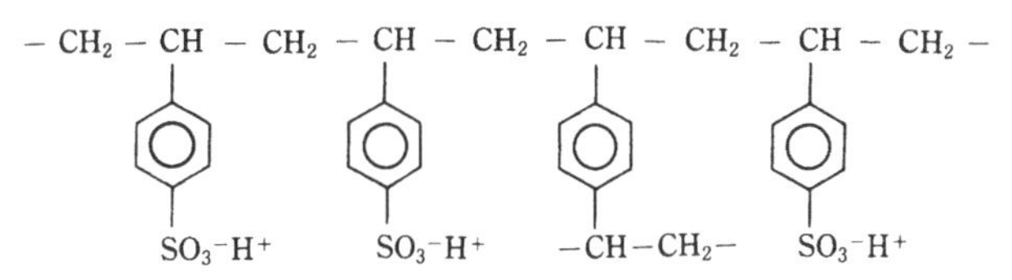

図1．陽イオン交換樹脂の例

また，強塩基性陰イオン交換樹脂は，例えば，図1の構造で$-SO_3^-H^+$の代わりに$-CH_2N^+R_3Cl^-$などをもつ重合体である（図2）．ここで，Rはアルキル基（CH_3, C_2H_5, …）である．

これらのイオン交換樹脂を電解質溶液中に浸すと，次式で表されるようなイオン交換平衡が成立する．便宜上，陽イオン交換樹脂と陰イオン交換樹脂の骨格をR，R′で表すと，

$$nRH + M^{n+} \rightleftarrows R_nM + nH^+ \quad (M^{n+}\text{は}n\text{価の陽イオン})$$

$$nR'Cl + X^{n-} \rightleftarrows R'_nX + nCl^- \quad (X^{n-}\text{は}n\text{価の陰イオン})$$

となる．上記のようなイオン交換反応を利用して，純水の製造，材料の高度精製，廃水処理など

を行うことができる．また，使用した樹脂は酸やアルカリを用いた再生により，繰り返し使用することができる．

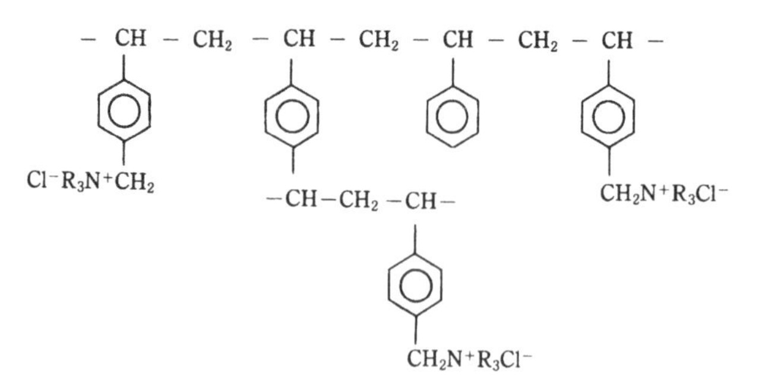

図2．陰イオン交換樹脂の例

金属イオンと塩化物イオンから生成する錯イオンのイオン種は，金属イオンの種類，塩化物イオンの濃度などによって変化する．塩酸溶液における Fe(III)，Co(II)，Ni(II) 錯イオンの陰イオン交換樹脂への交換されやすさを表す分布係数(注)は，塩酸濃度に依存して著しく変化する．本実験では，このことを利用してこれら金属イオンの混合物を陰イオン交換樹脂カラム(図3)によりクロマト分離する．

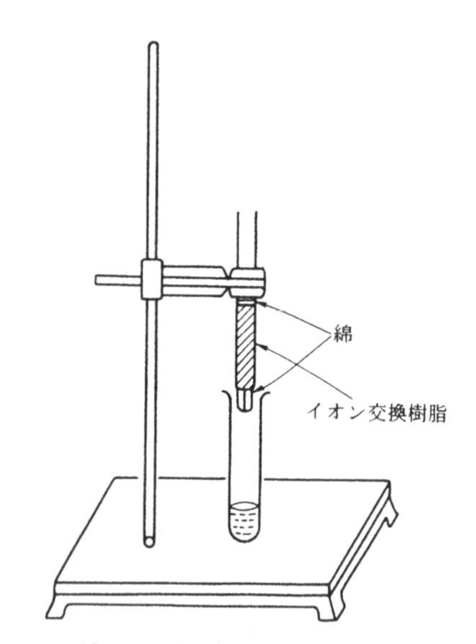

図3．陰イオン交換樹脂によるクロマト分離

(注) 測定しようとするイオンの平衡時における吸着率(%)を用いて，次式で表される．

$$K_d = \frac{吸着率}{100 - 吸着率} \times \frac{V(\mathrm{mL})}{m(\mathrm{g})}$$

ここで，K_d は分布係数，V は溶液の体積，m はイオン交換体の質量である．

実験操作

器具　分離用ガラスカラム(0.5 φ × 10 cm)，クランプ，スタンド，メスシリンダー(10 mL)，試験管，ビーカー(100 mL)，ロート，安全ピペット，脱脂綿

試薬　8 M HCl溶液，0.0006 M $FeCl_3$溶液(1 M HCl酸性)，0.005 M $CoCl_2$溶液，0.01 M $NiCl_2$溶液，$FeCl_3$，$CoCl_2$および$NiCl_2$を含む混合溶液(8 M HCl酸性)，チオシアン酸カリウム(KSCN)アセトン溶液，ジメチルグリオキシム(DMG)アセトン溶液，0.1 M $CuSO_4$溶液，0.1 M $BaCl_2$溶液，6 M アンモニア水(NH_3 aq)，万能pH試験紙

[実験 1] 陰イオン交換樹脂による Fe (III)，Co (II)，Ni (II) イオンのクロマト分離

本実験では多くの試験管を必要とする．したがって，試験管立て2組を使用し，最初から最後までの流出液を順序よく並べ，確認反応の呈色の強さも観察して各イオン種の溶離の様子を記録する．

結果は，図4のようなクロマトグラムに表すとよい．

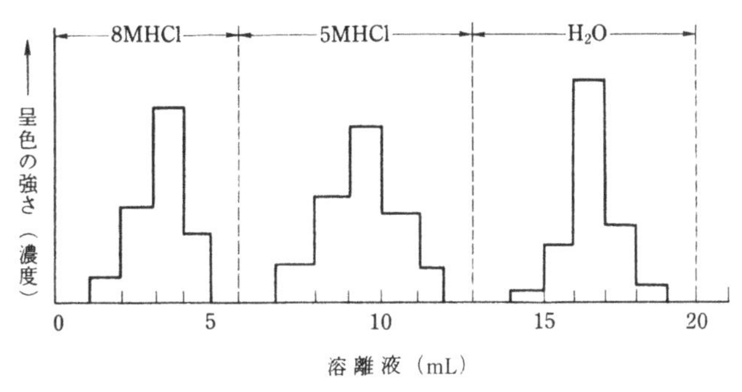

図 4. クロマトグラムの一例

(1) 試験管の洗浄および確認反応

まず，実験に使用する試験管を洗浄し，それが清浄であることを確認するために純水約1 mLとKSCNアセトン溶液2～3滴を加え，呈色しないことを確かめてから以下の実験に用いる．

Fe(III)，Co(II)，Ni(II)イオンの定性反応を個別に行う．まず，0.0006 M $FeCl_3$溶液を1滴ずつ2本の試験管にとり，0.5～1 mLの純水で希釈する．1本の試験管には6 M NH_3 aq 0.5 mLを加えて弱アルカリ性としたのち，DMGアセトン溶液を2～3滴加え，その変化を観察する．もう1本の試験管にはKSCNアセトン溶液を2～3滴加え，その変化を記録する．Co(II)，Ni(II)イオンについても同様の方法でそれぞれに特有なイオン反応を確かめ，記録する．

(2) 溶離液の調製

8 M HCl溶液を10 mLずつ2本の試験管にとる．一方に純水6 mLを加え，よく混合して5 M HCl溶液16 mLをつくる．混合は，乾いた別の試験管に2～3回交互に移しかえることにより行うとよい．

(3) イオン交換分離

図3のような分離用樹脂カラムに純水3 mLを加え，その流出液を試験管に受ける．この流出液にKSCNアセトン溶液2～3滴を加え，Fe(III)イオンによる呈色反応が見られなくなるまで，同様の手順でカラムを洗浄する．次いで8 M HCl溶液10 mLを安全ピペットを用いて

静かに加え，カラム全体を 8 M HCl 酸性とする．これらの流出液は廃液用ビーカーに移し，試験管は洗浄したのち以下の実験に用いる．

Fe(III)，Co(II)，Ni(II) イオンを含む 8 M HCl 酸性試料溶液 0.5 mL を，直接カラム上部に加える．このとき，試料溶液を洗浄した試験管などにとると HCl 濃度が低くなり，イオン交換分離が不完全となるから注意する．また，流出液(0.5 mL) はカラムの下に試験管をあてがって採取し，2 つに分けて溶出イオンの確認反応を行う．次に 8 M HCl 溶液 1 mL を安全ピペットによりカラム上部の内壁に付着している試料液を洗い流すようにして加え，溶出液を別の試験管にとり，2 つに分けて溶出イオンの確認反応を行う．以下，8 M HCl 溶液を溶離液として同様の操作を繰り返し行い，吸着しているイオンをカラムから溶出させる．

最初のイオンの溶出が終わったら，5 M HCl 溶液 1 mL を溶離液として上記と同様に樹脂カラムに加え，流出液を 2 つに分けて溶出されるイオンの確認反応を行う．第 2 のイオンが溶出されなくなるまでこの操作を繰り返す．

次に純水を溶離液として 1 mL ずつカラムに加えて，残りの吸着しているイオンを溶離させる．イオン反応が見られなくなるまで溶離操作を繰り返す．

以上の結果を図 4 のようなクロマトグラムで表す．濃度は発色の強さで定性的に示せばよい．

[実験 2] 陽イオン交換樹脂と陰イオン交換樹脂の判別

陽イオン交換樹脂または陰イオン交換樹脂は，それぞれ陽イオンまたは陰イオンのみを吸着する．このことを利用して未知イオン交換樹脂に確認しやすいイオン種を吸着させたのち，これを溶離し，確認することにより未知イオン交換樹脂の判別を行う．確認法の手順は各自あらかじめ考えて，フローチャートなどにしてから実験を行うこと．判別に使用する試薬は 0.1 M $CuSO_4$，0.1 M $BaCl_2$，2 M HCl(各自調製)，2 M NH_3 aq(各自調製) を用いることがのぞましいが，その他の溶液を用いてもかまわない．ただし $AgNO_3$ 溶液は，その性質上使用方法がたいへんむずかしいので，用いないほうが無難である．

次に一般的な操作上の注意を述べるので，これを参考にして実験計画を立てること．

イオン交換樹脂を十分水洗し，pH 試験紙で確認したのち，以下の実験を行う．

(1) 吸着：樹脂の入ったビーカーに溶液を加え，ときどき振りながら数分間放置する．

(2) 分離：樹脂と溶液との分離は，ロートに脱脂綿を小さく軽くつめてろ過する．

(3) 水洗：分離しただけでは樹脂中に溶液が残っているので，これを純水でよく洗う必要がある．水洗が不十分であると誤った結論になりやすい．なお，このときロート中に多量の脱脂綿があると，水洗が不十分になりやすいので，脱脂綿はできるだけ小さくして使用すること．

(4) 溶離：ロート上の樹脂をうるおすように，少量ずつ 2 M HCl 溶液あるいは 2 M NH_3 溶液を何回にも分けて注ぎ，試験管に受ける．このときあまり液量を多くすると検出できなくなるので注意すること．

(5) 確認は，必ず陽イオン交換樹脂である場合と陰イオン交換樹脂である場合を考えて，両方のイオンの確認反応を行うこと．

(6) イオン交換樹脂は高価であるから，少量といえども捨てないこと．

研究問題

問 1 Fe^{3+}，Co^{2+}，Ni^{2+}の配位数はいくつか．またこれらの錯イオンの構造はどのようになっているか．8 M HCl 溶液中，5 M HCl 溶液中では，これらの金属イオンはどのような錯イオンになっているか，[実験 1]の結果から推測せよ．

問 2 [実験 1]の結果は定性的なものであるが，これを定量化するにはどのような方法が考えられるか．

問 3 Fe^{3+}, Co^{2+}, Ni^{2+}と KSCN アセトン溶液および DMG アセトン溶液との反応を記せ．

問 4 [実験 2]について計画した方法の論理および結果について検討し，もし欠点があったら，それを改良する方法を考えよ．またその他の方法があれば，それについても記せ．

問 5 [実験 1]で用いた方法は一般にカラム法とよばれている．また，[実験 2]で用いた方法はバッチ法とよばれている．これらの方法の違いを，平衡論を取り入れて考察せよ．

問 6 カラム法を使用して海水から純水を製造することができる．これには陽イオン交換樹脂と陰イオン交換樹脂を別々のカラムにして，これらのカラムに順次サンプルを流して陽イオン(Na^+, Mg^{2+}, Ca^{2+}など)と陰イオン(Cl^-, Br^-など)を吸着させる方法と，これらの樹脂を 1 本のカラムに混合してつめ，Na^+と Cl^-イオンを同時に吸着させる方法がある．前者を二床式，後者を混床式というが，これらの方法の長短を考察せよ．

■ 参考文献

・「イオン交換」妹尾学，阿部光雄，鈴木喬 編，講談社

・K. A. Kraus and G. E. Moore, *J. Am. Chem. Soc.,* 75, 1406 (1953)

・K. A. Kraus and F. Nelson, Anion Exchange Studies of Metal Complexes, chap. 28, in “*The Structure of Electrolytic Solutions*”, W. J. Homer ed,. John Wiley & Sons, N. Y. (1959)

・「化学便覧　基礎編　改訂 6 版」日本化学会編，丸善

4. Dumasの蒸気密度法による分子量の決定

〈平均終了時間－2時間20分〉

理想気体の法則によれば，気体の圧力をP，体積をV，そのときの絶対温度をTとすれば，

$$PV = nRT \quad \cdots\cdots (1)$$

である．ここでRは気体定数，nは気体のモル数である．いま気体の分子量をM，nモルの気体の質量をGとすれば，$nM = G$であるから(1)式は次のように書くことができる．

$$M = \frac{RT}{P} \cdot \frac{G}{V} \quad \cdots\cdots (2)$$

G/Vはその気体の密度を表すから，一定温度，一定圧力のもとで密度を測定すれば，分子量が計算できる．ここに示す方法は60～80℃に沸点を有するような液体の分子量測定に適している．すなわち，このような試料液体を沸とう水浴などを用いて気化させ，気化した試料蒸気を一定温度に保ち，その密度を決定するのである．

密度を定めるには2つの方法がある．1つは一定量の試料が占める体積を測定する方法であり，他は一定体積を占める蒸気の質量を測定する方法である．前者はVictor Meyerの蒸気密度法とよばれ，後者がDumasの蒸気密度法といわれる．いずれの方法も理想気体の法則を用いるのであるから，分子量を正確に求めることはできないが，簡便にかなり精度よく分子量を求めることができる．本実験においては，Dumas法によって有機液体の分子量を決定する．

実験操作

器具　ピクノメーター(100 mL)2個，ビーカー(500 mL)，温度計，温度計ホルダー，ピクノメーター用スタンド，三脚，金網，バーナー，分析天秤，沸とう石

[実験1] エタノールの分子量

十分乾燥した100 mLのピクノメーターを，栓をつけたまま精確に秤量する．約1 mLのエタノールをすり合わせの部分をぬらさないようにしてピクノメーターにとり，図1のように沸とうして一定温度(95℃前後)になっている純水につける．ピクノメーターは底から1 cmくらい離れるようにし，水面はピクノメーターの首の下部にくるようにする．この際，水がピクノメーターのすり合わせに入らないように注意する．ピクノメーター内の試料の液滴が消滅したら(実際には液滴を観測できないので，ピクノメーター最上部の液滴が消失したらただちに)，ピクノメーターを水浴から出して自然に冷却する．なお，試料を加熱している間，水浴中のピクノメーターを動かしたり，加熱状態を変えてはならない．また，加熱中の水温ならびに大気圧をノートに記録しておく．ピクノメーターが室温まで冷えたら外表面の水分をよくぬぐって電子天秤で

秤量する．このときの室温も記録する．次にピクノメーターの内部をよく洗ったのち，純水を満たし，栓をはめこめば，余分の純水ははじき飛ばされて内部は完全に純水で満たされる．外表面の水分をぬぐって秤量する．水の比重からピクノメーターの内容積を計算する．比重は温度に依存するので，秤量ののちピクノメーター内の純水の温度を測定する．

放冷により液化した試料蒸気質量，ピクノメーターの内容積，大気圧，および浴温から分子量を計算し，エタノールの真の分子量と比較する．

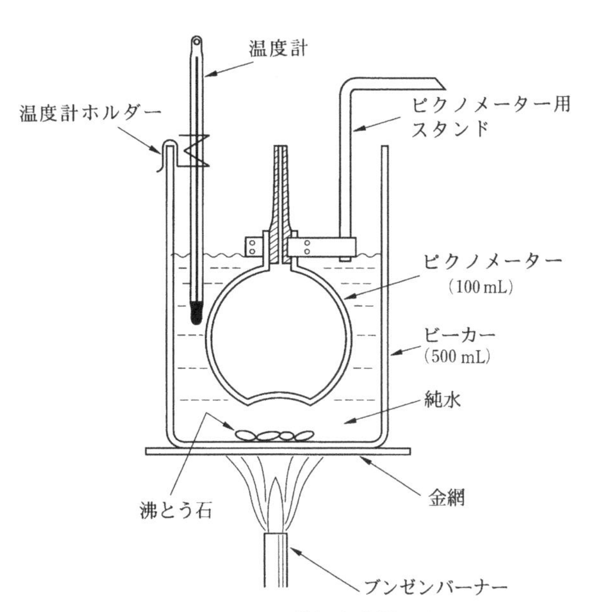

図 1．Dumas の蒸気密度測定装置

[実験 2] 未知試料の分子量

別のピクノメーターを用いて，[実験 1] と同様の操作を未知試料について行う．

得られた分子量と与えられた資料から，未知試料を推定する．

研究問題

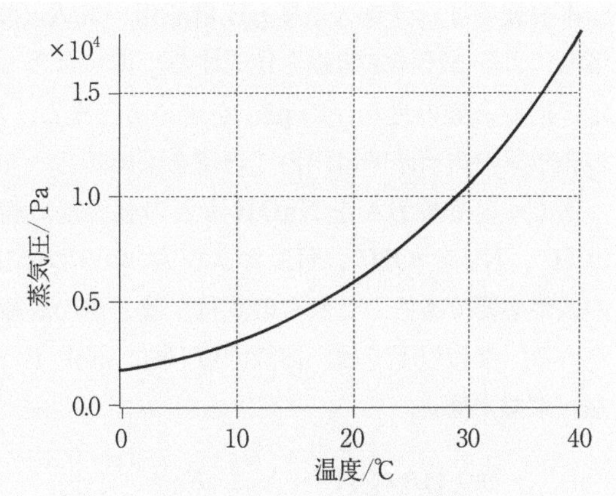

図 2．エタノールの蒸気圧曲線

問 1 次の量を，エタノール，未知試料についてそれぞれ求めよ．

(1) ピクノメーター内を満たしていた試料蒸気の質量

(2) ピクノメーターの内容積

(3) 室温，水浴温度，大気圧

(4) この実験条件における試料の蒸気密度

(5) 試料の分子量

問 2 (1) 実験に用いた液体が室温で蒸気圧を有するとすれば，試料蒸気の真の質量は次式で表される量だけ測定した値より大きいことを示せ．

$$\Delta G = \frac{p}{P}\rho V$$

ただし，p: 試料の室温での蒸気圧，P: 大気圧，ρ: 室温での空気密度，V: ピクノメーターの内容積．

(2) エタノールの蒸気圧は図 2 で表される．この補正を行うと，分子量はいくらになるか．

問 3 その他，この実験において考えられる誤差について考えよ．

5. pH 滴定曲線

〈平均終了時間－3時間10分〉

酸・塩基の滴定において，加えた酸や塩基の滴定量とpHの関係を表した図をpH滴定曲線とよぶ．溶液のpH測定では，pH試験紙または指示薬の色の変化を利用する方法が簡便である．しかし，これらの方法は精度および正確さに欠けるばかりでなく，着色した溶液や測定中にpHが大きく変化する溶液，指示薬と反応してしまう物質(酸化性・還元性物質など)を含む溶液などには適さない，などの問題点がある．

さまざまな水溶液のpHを精度よく正確に測定するには，ガラス電極pH計を用いる方法が優れている．ガラス電極pH計は取り扱いが容易であり，応答時間が短い(1～2分)ので迅速な測定が可能であることから，現在pH測定に広く用いられている．

本実験では，ガラス電極pH計を用いてK_a(酸解離定数)の異なる一塩基酸に対する，NaOH溶液によるpH滴定曲線を作成する．得られたpH滴定曲線から当量点を決定すると同時に，滴定に用いた酸の見かけのpK_aを求める．また，塩基による酸の中和滴定で終点を判別するための指示薬の選択基準について理解を深める．

ある一塩基酸HAをNaOHなどの強塩基で滴定したときの理論滴定曲線を考える．溶液中にはH^+，Na^+，OH^-，HAおよびA^-の5つの化学種が存在するので，$[H^+]$を求めるには4つの式が必要である．これらの式は，酸と水の解離平衡，電荷および物質のバランスを考慮して得られる．なお以下では，溶液濃度(単位mol/L)が非常に低いものとして議論を進める．

(a) 解離平衡

$$\text{酸：}HA \rightleftarrows H^+ + A^-,\quad K_a = \frac{[H^+][A^-]}{[HA]} \quad pK_a = -\log K_a \qquad (1)$$

$$\text{水：}H_2O \rightleftarrows H^+ + OH^-,\quad K_w = [H^+][OH^-] \qquad (2)$$

(25℃で$1.0\times10^{-14}\ mol^2\ L^{-2}$)

(b) 電荷および物質のバランス

電荷：溶液は全体として電気的に中性であるから

$$[Na^+]+[H^+]=[OH^-]+[A^-] \qquad (3)$$

物質：加えた酸の全濃度をC_Aとすると，C_Aは解離したA^-の濃度と解離していない酸の濃度との和で表される．

$$C_A = [HA]+[A^-] \qquad (4)$$

(3)，(4)式を$[A^-]$，$[HA]$について解き，(1)に代入すると次の式(5)を得る．

$$K_a = \frac{([Na^+]+[H^+]-[OH^-])[H^+]}{C_A-([Na^+]+[H^+]-[OH^-])} \qquad (5)$$

次に，実験条件によって適当な近似を行い，(5)式を簡略化して$[H^+]$の式を得る．

(i) 滴定開始時，NaOH を加えない状態では$[Na^+]=0$，また，$[H^+]\gg[OH^-]$であるから

$$K_a=\frac{[H^+]^2}{C_A-[H^+]} \quad\cdots\cdots(6)$$

(ii) 滴定開始後，当量点($[Na^+]=C_A$)より前の領域($0<[Na^+]<C_A$)では，$[H^+]\gg[OH^-]$であるから

$$K_a=\frac{([Na^+]+[H^+])[H^+]}{C_A-([Na^+]+[H^+])} \quad\cdots\cdots(7)$$

弱酸では，半当量点において$[A^-]=[HA]$となるので，(1)式より

$$K_a=[H^+] \text{ または } pK_a=pH$$

となるので，溶液の pH は酸の pK_a に等しくなる．当量点の近くでは$[Na^+]\gg[H^+]$であるから

$$K_a=\frac{[Na^+]}{C_A-[Na^+]}[H^+]$$

(iii) 当量点($[Na^+]=C_A$)では，(5)式より$[Na^+]\gg[H^+]$，$[Na^+]\gg[OH^-]$であるから

$$K_a=\frac{[Na^+][H^+]}{[OH^-]-[H^+]}=\frac{[Na^+][H^+]}{K_w/[H^+]-[H^+]} \quad\cdots\cdots(8)$$

(iv) 当量点を越えた領域($[Na^+]>C_A$)では，酸はすべて解離してアルカリ性となっているので

$C_A=[A^-]\gg[HA]$かつ$[OH^-]\gg[H^+]$

(2)，(3)式より

$$[H^+]=\frac{K_w}{[Na^+]-C_A} \quad\cdots\cdots(9)$$

これらの式は，pK_a の広い範囲で用いることができる．

実験操作

器具・装置　ガラス電極 pH 計，スターラー，回転子，ビュレット，ビーカー(100 mL, 300 mL)，メスフラスコ(100 mL)，メスシリンダー(100 mL，20 mL)，分析天秤，電子天秤，ガラス棒，ホールピペット(10 mL)，安全ピペッター，方眼紙(各自で持参)

試薬　スルファミン酸(HSO_3NH_2)(注)，0.2 M NaOH，未知濃度酢酸(約 0.2 M)，0.1% フェノールフタレイン溶液，0.1% メチルレッド溶液，中性リン酸塩標準液，フタル酸塩標準液

pH 計の較正　中性リン酸塩標準液(pH 6.86)とフタル酸塩標準液(pH 4.01)を用いて 2 点調整を行う．詳細は，付録 2「ガラス電極 pH 計」を参照のこと．

[実験 1] 0.2 M スルファミン酸標準溶液の調製

所要量 1.942 g よりやや多め(約 2 g)のスルファミン酸を薬包紙を用いて電子天秤ではかり取る．次に，乾いた 100 mL ビーカーを分析天秤で精秤しておき，これに先のスルファミン酸を入れて再び分析天秤で精秤し，スルファミン酸の重さを正確に求める．約 50 mL の純水を加えて溶解し，100 mL のメスフラスコに移す．続いて 100 mL のビーカーを約 10 mL の純水で 3 回洗浄し，洗液をすべてメスフラスコに移す．最後にメスフラスコに純水を加え，標線にメニスカスを合わせてから栓をして，3～4 回逆さにしてよく降り混ぜ，スルファミン酸標準溶液とする．

(注) 中和滴定の標準試薬として Na_2CO_3 および $HOSO_2NH_2$ が用いられる(JIS K 8005)．

[実験 2] 0.2 M NaOH 溶液の標定

ビュレットをまず水道水で洗い，次に洗浄びんの純水で内側をよく洗浄したのち，0.2 M NaOH 溶液約 10 mL を入れて共洗いをする．このとき，ビュレットはスタンドから外して横にし，回しながら内側をくまなくぬらすようにして洗う．洗った NaOH 溶液は下の栓を開けて捨てる．同じ要領でさらに 2 回共洗いを行ったのち，最後に 0.2 M NaOH 溶液をビュレットに満たす．ビュレットの活栓部分に気泡がないことを確認し，もしある場合にはコックを開いて追い出す．

[実験 1] で調製した 0.2 M スルファミン酸標準溶液 10 mL をホールピペットを用いて 100 mL ビーカーにとり，メスシリンダーではかった純水 40 mL を加える．回転子，およびメチルレッド 2 ～ 3 滴(pH 指示薬)を加え，スターラーの上にセットして中和滴定を行う．メチルレッドが赤色から黄色に変化したときの滴定量を記録する．滴定操作は 2 回行い，NaOH の滴定量の平均値を求め，これを終点とする．

[実験 3] 0.2 M スルファミン酸溶液の 0.2 M NaOH 溶液による pH 滴定曲線

まず 0.2 M スルファミン酸溶液 10 mL をビーカーにとり，純水 40 mL を加えたのちガラス電極を浸し，[実験 2] と同様の手順で滴定を行う(ただし，pH 指示薬は加えない)．このとき，ガラス電極が回転子に当たらないよう，電極はビーカーの壁に寄せて浸す．また，回転子を勢いよく回しすぎて電極を破損しないよう注意する．滴定では [実験 2] で求めた終点を参考にして，終点から遠い領域では 1 ～ 2 mL おきに，終点前後 1 mL の領域では 0.2 mL おきに測定を行う．

測定に際しては各自方眼紙を準備しておき，加えた NaOH の体積(mL)と pH 計の値を読み，その場でプロットしていく．

[実験 4] 未知濃度の酢酸溶液と NaOH 溶液の中和滴定における終点の決定

所定の未知濃度酢酸溶液 10 mL を 100 mL ビーカーにとり，純水 40 mL を加える．フェノールフタレイン 2 ～ 3 滴(pH 指示薬)を加え，[実験 2] と同じ要領で滴定を行い，終点を決定する．この場合，無色から淡紅色に変化した点を終点とせよ．

[実験 5] 酢酸溶液の 0.2 M NaOH 溶液による pH 滴定曲線

[実験 3] と同じ要領で，酢酸—NaOH の pH 滴定曲線を作成する．

研究問題

問 1 スルファミン酸および酢酸溶液と NaOH 溶液との滴定における理論 pH 滴定曲線を求めよ．

問 2 実験で得られた pH 滴定曲線と比較し，考察せよ．

問 3 スルファミン酸および酢酸の pK_a を滴定曲線から決定し，巻末の付表 2 に記載されている値と比較・考察せよ．

問 4 二塩基酸を NaOH で滴定する場合の理論 pH 滴定曲線を表す式を導け．

■ 参考文献

・活量や電極電位の理論について：電気化学，物理化学や分析化学の参考書，例えば「アトキンス物理化学　第 10 版」P. Atkins, J. de Paula 著，東京化学同人，「溶液内イオン平衡に基づく分析化学　第 2 版」姫野貞之，市村彰男著，化学同人

・標準電極電位や解離定数の一覧：「化学便覧　基礎編　改訂 6 版」日本化学会編，丸善，「電気化学便覧　第 6 版」電気化学会編，丸善など．

6. 酸化還元滴定（過マンガン酸カリウム滴定）

酸化・還元反応を利用した容量分析法を酸化還元滴定という．一般に酸化・還元反応の進行の方向は，これにあずかる酸化反応と還元反応の対（半反応の対）の標準電極電位（E°：標準酸化還元電位などともいう）の相対的な高さによって予測できる．例えば次のような半反応の対

$A^{(p+n)+} + ne^- \rightleftarrows A^{p+}$　（E° 低：左へ進行する傾向大→酸化半反応）

$B^{q+} + ne^- \rightleftarrows B^{(q-n)+}$　（E° 高：右へ進行する傾向大→還元半反応）

からなる酸化・還元反応を例にとれば E° の高いほうの左側の化学種は酸化剤，低いほうの右側の化学種は還元剤として働くので下記の全反応は右に進む．つまり，次式のようになる．

$A^{p+} + B^{q+} \rightarrow A^{(p+n)+} + B^{(q-n)+}$　（全反応）

酸化剤の標準液を用いて還元剤を滴定する場合を酸化滴定，その逆を還元滴定という．過マンガン酸カリウム滴定は代表的な酸化滴定の例である．

(1) 過マンガン酸カリウム滴定

過マンガン酸カリウムは，MnO_4^-/Mn^{2+} 系の高い標準電極電位（+1.51 V）から予想されるように強い酸化剤であり，酸性溶液においては $MnO_4^- \rightarrow Mn^{2+}$ になろうとする傾向が強い．そこでこれよりも低い標準電極電位をもつ分子やイオン，例えば，Fe^{2+}（Fe^{3+}/Fe^{2+}：+ 0.771 V），Sn^{2+}（Sn^{4+}/Sn^{2+}：+ 0.154 V），$C_2O_4^{2-}$（$CO_2/H_2C_2O_4$：−0.49 V），SO_3^{2-}（SO_4^{2-}/SO_3^{2-}：+ 0.158 V），H_2O_2（O_2/H_2O_2：+ 0.682 V）などを酸化することができる．これを利用して滴定によってこれらのイオン（分子）を定量することができる．

酸性溶液中において Fe^{2+} を過マンガン酸カリウムで定量する場合の反応式は，イオン式を用いれば次式のように表される．

$5Fe^{2+} + MnO_4^- + 8H^+ \rightarrow 5Fe^{3+} + Mn^{2+} + 4H_2O$　（全反応）……………… (1)

これは電子の数を等しくした次の半反応の和である．この反応で MnO_4^- と Fe^{2+} の間には 5 個の電子の受け渡しが起こっていることがわかる．

$MnO_4^- + 8H^+ + 5e^- \rightarrow Mn^{2+} + 4H_2O$　（還元半反応）…………………… (2)

$5Fe^{2+} \rightarrow 5Fe^{3+} + 5e^-$　（酸化半反応）………………………………………… (3)

過マンガン酸カリウムのように酸素を含んだ化合物が水溶液中で酸化剤として作用するときには，一般に (2) 式のように H^+（または OH^-）が反応に関与するので，(1) 式の反応を速やかに進行させるためには適当な pH を選ぶ必要がある．

過マンガン酸カリウム滴定においては MnO_4^- が濃い紫紅色をもつこと，一方，生成物である Mn^{2+} はほとんど無色に近いことから滴定の終点を知ることができる．Fe^{2+} の場合には鉄イオンの濃度がそれほど高くなければ，ほとんど無色であるから，MnO_4^- が当量加えられるまでは

(2)の反応によってMnO_4^-特有の紫紅色が消失し続ける．一方，当量以上にMnO_4^-が加えられると，過剰のMnO_4^-の色が消えずに残るので，この着色によって反応の終点を知ることができる．この着色は，MnO_4^-が$1 \sim 2 \times 10^{-5}$ M という低濃度でも認めることができるから，特別に指示薬を用いなくともよいという便利さがある．

(2) 酸化還元滴定の標準試薬

容量分析においては一般に，天秤によって精確に量を知ることができる物質を標準試薬(1次標準→固体)として用いる．酸化還元滴定ではシュウ酸ナトリウムなどが標準試薬として用いられている．酸性溶液中での酸化反応は次式で示される．

$$C_2O_4^{2-} \longrightarrow 2CO_2 + 2e^- \quad \cdots\cdots (4)$$

(2)式と(4)式からMnO_4^- 1 mol に対し 5/2 mol のシュウ酸イオンが反応することがわかる．シュウ酸ナトリウム標準溶液で標定し，精確に濃度を決めた$KMnO_4$溶液は，酸化還元滴定の標準溶液として用いることができる(2次標準→溶液)．

実験操作

器具　ビーカー(300 mL)，メスフラスコ(100 mL)，ビュレット，コニカルビーカー(200 mL)，ホールピペット(15 mL，10 mL，5 mL)，スタンド，ビュレットばさみ，水浴，ガラス棒，温度計，電子天秤，分析天秤

試薬　$KMnO_4$，$Na_2C_2O_4$，3 M H_2SO_4，3% H_2O_2溶液，$FeSO_4$硫酸酸性溶液，$K_2Cr_2O_7$溶液

[実験 1] 標準溶液の調製（$Na_2C_2O_4$溶液および$KMnO_4$溶液）

(1) 0.05 M $Na_2C_2O_4$標準溶液

1 mol の$C_2O_4^{2-}$は酸化されるとき 2 mol の電子を放出するので，e^- 0.1 M 相当の$Na_2C_2O_4$溶液を調製するには，まず，シュウ酸ナトリウム 6.701 g(＝$Na_2C_2O_4$の式量/20)を精確にはかり取り，これを 1 L のメスフラスコに入れ，純水を加えて完全に溶解させてから標線まで水を満たす．この 0.05 M の$Na_2C_2O_4$標準液をメスフラスコ中でよくかき混ぜてから試薬びんに移し保存する．この場合，6.701 g を正しく秤量するのはむずかしいので，約 6.7 g の$Na_2C_2O_4$を電子天秤ではかり取り，次にこれを分析天秤で精秤する．実際に天秤にとった質量を a g とすれば $f = a/6.701$(1.000 に近い)が 0.05 M に対する係数(factor)となり，濃度は $f \times 0.05$ M と表される．

(2) 0.02 M $KMnO_4$標準溶液

1 mol のMnO_4^-は還元されるとき 5 mol の電子を受けとるので，e^- 0.1 M 相当の$KMnO_4$溶液を調製するには$KMnO_4$ 3.161 g(＝$KMnO_4$の式量/50)を純水 1 L に溶解すればよい．しかし，$KMnO_4$を精秤しても，濃度が精確にわかった$KMnO_4$溶液をつくることはできないので(注1)，まず約 3.2 g の$KMnO_4$を電子天秤ではかり取り，これを 1 L の純水に溶解し，褐色びんに入れ，暗所に保存する．

[実験 2] 0.02 M $KMnO_4$溶液の標定

200 mL のコニカルビーカーにホールピペット(注2)を用いて[実験 1]でつくった$Na_2C_2O_4$標

(注 1) $KMnO_4$ 3.161 g をはかり取りメスフラスコを用いて 1 L にしても，純水中には有機物など微量の還元性物質が存在しているため，これと反応して$KMnO_4$の一部は消費される．したがって，いかに精確に秤量して溶液をつくっても正しい濃度の溶液をつくることはできない．

準液 10 mL をとり，これに約 100 mL の純水を加え，3 M の H_2SO_4 15 mL を加える．70 ～ 80℃に加温し，これを $KMnO_4$ 溶液で徐々に滴定する．この際 $KMnO_4$ 溶液の最初の 1 ～ 2 滴が脱色するにはかなりの時間を必要とするが，これが脱色されると溶液中には Mn^{2+}が生じ，この微量の Mn^{2+}がその後シュウ酸の酸化に触媒として働いて反応は迅速に進行するようになる．それゆえ，滴定は以下の手順で行う．まず，$KMnO_4$ 溶液を 1 滴加え，ガラス棒でかき混ぜながら脱色するのを待って次の 1 滴を加える．それ以降は 0.5 mL 程度を一度に加え，これが脱色したのち，次にまた 0.5 mL 程度を加える．このようにして進み，最後の 1 mL は 1 滴ずつ滴下する．前の 1 滴が脱色したのち次の 1 滴を加え，終点近くでは半滴ずつをガラス棒で受けて，かすかな淡紅色が 15 秒以上消えずに残る点を終点とし，このときの $KMnO_4$ 溶液の消費量を読む．この際，別のビーカーに同量の純水を入れ，これに MnO_4^-溶液を 1 滴加えて対照液とし，両方の着色の程度を比較すれば精確な終点を知ることができる．なお，このときの溶液の温度は 60℃以上に保つことが必要である．$KMnO_4$ 溶液の消費量から，その濃度を計算する．

$$\frac{f \times 10}{KMnO_4\text{溶液の消費量(mL)}} \times 0.05 \times \frac{2}{5} = KMnO_4\text{溶液の濃度}$$

(f：$Na_2C_2O_4$ 0.05 M 溶液の係数)

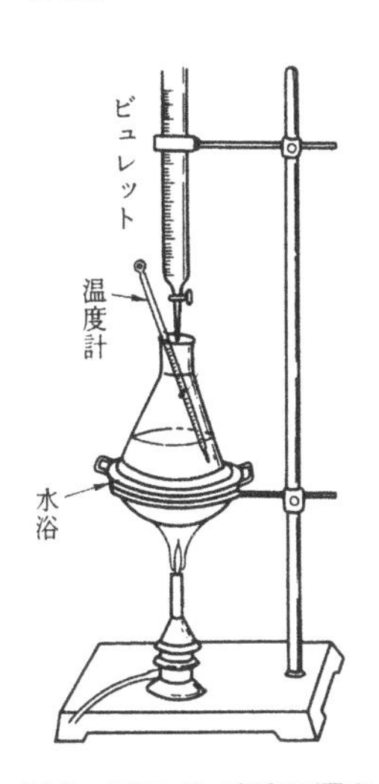

図 1．$KMnO_4$ 溶液の標定

[実験 3] H_2O_2 および $FeSO_4$ 溶液の滴定

100 mL のメスフラスコにホールピペットを用いて H_2O_2 10 mL をとり，純水を加えて精確に 100 mL に薄める．この溶液および $FeSO_4$ 溶液それぞれについて，10 mL を 300 ～ 500 mL ビーカーにとり，H_2SO_4 (3 M) 15 mL と純水約 60 mL を加えて H_2SO_4 濃度約 0.5 M 程度の溶液を調製する．$KMnO_4$ 標準溶液で滴定（加熱しない）して，H_2O_2, Fe^{2+}の濃度を定める．なお，H_2O_2 については，その濃度を wt%で表す(注 3)．

(注 2) 標準溶液（0.05 M $Na_2C_2O_4$）や標定または滴定しようとする溶液を容器（ピペット，ビュレット，小分けする容器）に入れるときは，あらかじめ，これらの容器をそれぞれの溶液の少量で洗ったのちに入れるようにすること（共洗い）．ただし，滴定に用いるビーカーはその溶液で洗ってはいけない．

(注 3) ［実験 3］の H_2O_2 の濃度を wt%で表す場合，採取 H_2O_2 溶液の質量を求めるのに比重を測定する必要があるが，ここでは比重を 1.000 とみなすこと．

[実験 4] $K_2Cr_2O_7$ 溶液の滴定

試料溶液(二クロム酸カリウム溶液)5 mL をとり，純水 50 mL と H_2SO_4 を加えて[実験 3]と同様に H_2SO_4 濃度約 0.5 M とし，さらに[実験 3]で用いた $FeSO_4$ 溶液の一定量(例 10 mL)を加える．このとき $Cr_2O_7{}^{2-}$ に対して Fe^{2+} が過剰になるようにする．次にこの過剰の鉄を過マンガン酸カリウム溶液で滴定し，$Cr_2O_7{}^{2-}$ を含まないときの滴定量[実験 3]と $Cr_2O_7{}^{2-}$ を加えたときの滴定量の差から $Cr_2O_7{}^{2-}$ 溶液の濃度を求める．

研究問題

問 1 [実験 2][実験 3][実験 4]について，それぞれの経過，計算式，結果について考察せよ．

問 2 [実験 2]では，なぜ温度を上げて反応させるのか．

問 3 [実験 2] [実験 3] [実験 4]のイオン反応式を示し，それらがどのような半反応の対からなっているかを示せ．

7. 標準電極電位

〈平均終了時間－2 時間 50 分〉

酸化あるいは還元されやすさの程度を定量的に表す指標として，標準電極電位がある．これは，電気分解における電極での反応を理解する上で基礎となるばかりでなく，一般の酸化還元反応を考察する場合にも有用な手がかりとなるものである．本実験では，標準電極電位の概念について理解し，電極電位の測定により標準電極電位を決定する方法を学ぶとともに，電位測定の応用として金属錯イオンの生成反応における平衡定数の決定を行う．

(1) 酸化・還元反応と電池反応

酸化還元反応は，電子を相手に与える（＝失う）酸化反応と，その電子を受け取る還元反応の組み合わせと考えることができる．例えば，見かけ上電子を含まない(1)式で表される反応は，電子の授受を含む(2)と(3)の 2 つの半反応に分けられる．

$$Cu^{2+} + Zn \longrightarrow Cu + Zn^{2+} \quad \cdots\cdots (1)$$

$$Cu^{2+} + 2e^{-} \longrightarrow Cu \quad \cdots\cdots (2)$$

$$Zn \longrightarrow Zn^{2+} + 2e^{-} \quad \cdots\cdots (3)$$

このような一対の半反応は，電極を用いることにより別々の場所で起こすことが可能である．これが電池や電気分解の電極反応である．例えば，(2)と(3)を組み合わせた(1)の反応に伴うエネルギー変化を電気エネルギーとして取り出せるように組み立てた装置が，有名なダニエル電池である．電池における 2 つの半反応，すなわち正極における還元反応と負極における酸化反応はそれぞれ単独で起こすことはできない．しかし，これらを独立した反応として考え，全電池反応はそれらの和であると考えることで電池反応が理解しやすくなる．半反応の例として次のようなものがある．

$$2H^{+} + 2e^{-} \rightleftarrows H_2 \quad \text{（気体種を含む系）} \cdots\cdots (4)$$

$$Fe^{3+} + e^{-} \rightleftarrows Fe^{2+} \quad \text{（可溶性物質のみの系）} \cdots\cdots (5)$$

$$Pb^{2+} + 2e^{-} \rightleftarrows \underline{Pb} \quad \text{（金属を含む系）} \cdots\cdots (6)$$

$$\underline{PbO_2} + 4H^{+} + 2e^{-} \rightleftarrows Pb^{2+} + 2H_2O \quad \text{（難溶性物質を含む系）} \cdots\cdots (7)$$

（→：還元方向，←：酸化方向）

(4)，(5)は白金や金のような化学的に安定な金属が電極として用いられている場合に，電極表面で起こる反応の例であり，(6)，(7)は反応種の一方（下線で示した化学種）が電気伝導性の固体で，それ自身が電極を兼ねている例である．半反応に関与する化学種と電極をまとめて電極系とよぶ．

任意の 2 つの電極系を組み合わせると電池を構成することができる．例えば(6)と(7)の組み合わせは鉛蓄電池として実用化されている．電池を構成したとき，各反応が酸化あるいは還元のどちらの方向に進むかは組み合わせによって異なる．例えば，(6)の反応は(7)と組み合わせた鉛蓄電池においては左(酸化方向)に進むが，(3)と組み合わせると右(還元方向)に進む．

(2) 電極電位とその測定

一対の半反応の和が全電池反応であると考えるならば，「電池の正極および負極がそれぞれ固有の電位をもち，その電位の差が電池の起電力となる」と考えることができる．ここで，電極系が固有の電位をもつという概念は，電極反応を理解する上で最も基本的なものの1つである．では，その固有の電位はどのようにして知ることができるだろうか．理論によれば，溶液中に差し込まれた電極の電位を電位差計で直接測定することは原理的にできない．そこで基準となる電極系を決め，これと目的とする電極系とで電池を組み，その起電力(電位差)を測定して電極電位とみなしている．水溶液系では，式(4)の反応が電極表面で起こる水素電極(1気圧の水素で飽和した pH = 0 の溶液中の白金電極＝標準水素電極)が国際的な標準として採用されている．

電池を構成するとき，図1に示すように基準電極と目的とする電極系の双方の溶液を塩橋で接続する．これにより，両電極系の溶液が等電位になるので，電位差計を用いて両電極間の電位を測定すれば，基準電極を0Vとしたときの目的とする電極の電位を知ることができる．ただし，水素電極は実用的でないので，通常の実験室レベルでの測定では，比較的安定な電位を示す飽和塩化銀電極などが用いられる．

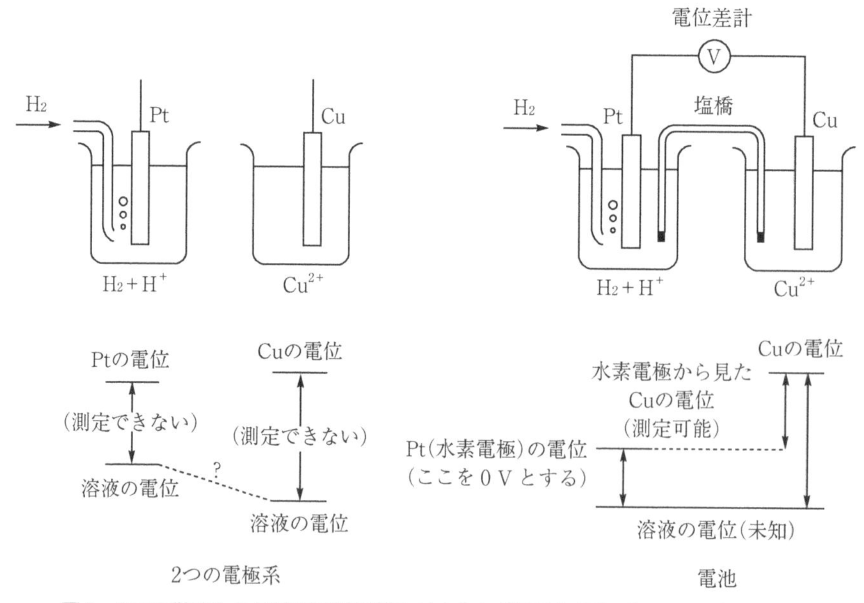

図1．2つの独立した電極系の電極電位(左)および電池を組んだときの電極電位(右)

(3) 標準電極電位とネルンストの式

任意の電極系の電位は，一定温度において電極反応に関与する化学種およびその活量(注1)に依存する．

いま，酸化体(Ox)と還元体(Red)を含む水溶液に電極を入れた系における，次のような電極反応を考える．

$$p\mathrm{Ox} + ne^- \rightleftarrows q\mathrm{Red} \quad \cdots\cdots (8)$$

ここで p，q は係数，n は反応に関与する電子の数である．この系の電極電位は，Ox と Red の活量の関数として次式で与えられる．

$$E_{Ox/Red} = E^{\circ}_{Ox/Red} + \frac{RT}{nF} \ln \frac{{a_{Ox}}^{p}}{{a_{Red}}^{q}} \quad \cdots\cdots (9)$$

ただし，R は気体定数，T は絶対温度，F はファラデー定数，a_i は対応する化学種 i の活量を示す（ln は自然対数 $\log_e$ を表す）．$E^{\circ}_{Ox/Red}$ は Ox と Red の活量がともに 1 のとき（正確には標準状態(注2)）の $E_{Ox/Red}$ の値で，標準電極電位（または標準酸化還元電位）とよばれる．標準電極電位はさまざまな反応種の酸化・還元のされやすさを表す尺度であり，金属のイオン化傾向もこの値を用いて定量的に表すことができる．標準電極電位は電極系に固有の値であり，電位測定や計算などによりすでに多くの電極系について値が求められている（巻末の付表 3 参照）．電位についての(9)式はネルンストの式とよばれ，電気化学において最も基本的な式である．

ネルンストの式を用いると，例えば(2)式の銅電極における電位は次のように表される．

$$E_{Cu^{2+}/Cu} = E^{\circ}_{Cu^{2+}/Cu} + \frac{RT}{2F} \ln \frac{a_{Cu^{2+}}}{a_{Cu}} = E^{\circ}_{Cu^{2+}/Cu} + \frac{RT}{2F} \ln a_{Cu^{2+}} \quad \cdots\cdots (10)$$

一般に E_i と $\ln a_i$ は直線関係にあり，その傾きは $\pm \frac{RT}{nF} p_i$（p_i は反応における係数．符号は酸化体 Ox のときプラス，還元体 Red のときマイナス），また $\ln a_i = 0$ のときの E_i は E_i°，すなわち標準電極電位の値となる．したがって，異なる a_i のときの E_i を測定し，$\ln a_i$ と E_i をプロットして得られるグラフにおいて $\ln a_i$ をゼロに外挿する（$a_i \rightarrow 1$）ことで，実験的に標準電極電位（実際には基準電極からの電極電位）を求めることができる．また，グラフの傾きからは，反応に関与する電子数 n を推定することができる．

(4) 応用：金属錯イオン生成反応における平衡定数の決定

エチレンジアミン（$NH_2CH_2CH_2NH_2$：以下 EDA と表す）は，両端の窒素原子上の非共有電子対により金属イオンに配位結合し（二座配位子），5 員環の錯体（キレート化合物）を形成することができる．例えば銅イオンの場合，2 分子の EDA が配位して安定な錯イオンを形成する．

$$Cu^{2+} + 2\left[\begin{matrix} NH_2 \\ NH_2 \end{matrix}\right] \rightleftharpoons \left[\left[\begin{matrix} H_2N \\ H_2N \end{matrix}\right] Cu \left[\begin{matrix} NH_2 \\ NH_2 \end{matrix}\right]\right]^{2+}$$

この反応における平衡定数 K は活量を用いて以下のように表される．

(注 1) 濃度と活量：溶液中の溶質の量を表すのに「濃度」が用いられる．例えば，一定体積の溶液における溶質の量は容量モル濃度（mol/L）で表される．一方，化学平衡を記述する場合，熱力学的に有効な濃度が「活量」とよばれる．化学種 i の濃度 c_i と活量 a_i に同じ単位を用いたとき，両者には

$$a_i = \gamma_i \times c_i$$

という関係がある．γ_i は活量係数とよばれ，無限に希薄な溶液において $\gamma_i = 1$ と定義され，一般に溶液の濃度が高くなるにつれて 1 からのずれが大きくなる．電解質溶液の場合には，イオン間の静電的な相互作用のため，特にずれが顕著になる．活量の値を求めるのは煩雑であるため，通常は γ_i が変わらないような条件下で実験を行う場合が多い．

(注 2) 標準状態：熱力学において，活量 a_i は $RT \ln a_i$ の形で現れ，全体としてはエネルギーの次元をもつ．$\ln a_i$ は，本来 $\ln(a_i/a_i^{\circ})$ の形にして対数の中を無次元化して表すが，暗黙のうちに $a_i^{\circ} = 1$ とみなし，a_i° を省略している．活量の基準である a_i° は，実験的な理由から物質の状態により次のようにとる習慣になっている．

(1) 水に可溶な物質（Fe^{2+}，H^{+}など）：1 mol/L（または 1 mol/kg）
(2) 溶解度の低い気体（H_2 や CO_2）：1 気圧（活量の代わりに分圧を用いる）
(3) 固体純物質（Cu や Pb），難溶性物質（PbO_2 や AgCl）：1（固体が共存していれば活量の変動はない）

反応に関与する全化学種の活量が 1 である（a_i°）状態を標準状態という．

$$K = \frac{a_{\mathrm{Cu(EDA)_2}^{2+}}}{a_{\mathrm{Cu}^{2+}} {a_{\mathrm{EDA}}}^2}$$

銅電極における電位の式(10)に代入して $a_{\mathrm{Cu}^{2+}}$ を消去すると次式を得る.

$$E_{\mathrm{Cu}^{2+}/\mathrm{Cu}} = E^{\circ}_{\mathrm{Cu}^{2+}/\mathrm{Cu}} - \frac{RT}{2F}\ln K + \frac{RT}{2F}\ln a_{\mathrm{Cu(EDA)_2}^{2+}} - \frac{RT}{2F}\ln(a_{\mathrm{EDA}})^2 \quad \cdots\cdots\cdots\cdots\cdots\cdots \quad (11)$$

$a_{\mathrm{Cu}^{2+}} \ll a_{\mathrm{EDA}}$ とし，平衡が大きく錯イオン側(右辺)に傾いているとすれば，溶液中の Cu^{2+} はすべて錯イオン $\mathrm{Cu(EDA)_2}^{2+}$ になっていると考えられるから，電位の式(11)の右辺第1項から第3項まではほぼ一定であると近似できる．したがって，EDAの活量が異なる溶液における $E_{\mathrm{Cu}^{2+}/\mathrm{Cu}}$ を測定し，$\ln a_{\mathrm{EDA}}$ に対して $E_{\mathrm{Cu}^{2+}/\mathrm{Cu}}$ をプロットしたグラフにおいて $\ln a_{\mathrm{EDA}} = 0$ における値を求めれば，平衡定数(注3) K を決定することができる．また，電極反応に関与する電子数が $n = 2$ であれば，グラフの傾きは $\frac{RT}{2F}$ ×(EDAの配位数)となるので，EDAの配位数を実験的に求めることができる．なお，式(11)の右辺第1項＋第2項は $\mathrm{Cu(EDA)_2}^{2+}$ 系に固有の値であり，半反応 $\mathrm{Cu(EDA)_2}^{2+} + 2e^- \longrightarrow \mathrm{Cu} + 2\mathrm{EDA}$ における標準電極電位とみなすことができる.

$$E^{\circ}_{\mathrm{Cu(EDA)_2}^{2+}/\mathrm{Cu}} = E^{\circ}_{\mathrm{Cu}^{2+}/\mathrm{Cu}} - \frac{RT}{2F}\ln K \quad \cdots\cdots\cdots\cdots\cdots\cdots\cdots\cdots\cdots\cdots\cdots\cdots \quad (12)$$

実験操作

器具・装置　銅電極，クリップ付き導線，基準電極(飽和塩化銀電極)，ビーカー(50 mL)，メスシリンダー，ピペット，温度計，デジタルボルトメーター，塩橋用ろ紙，スタンド(塩化銀電極支持用)，メッキ用セット(電源，電極，メッキ液)，紙やすり，方眼紙(各自で持参)，電子天秤

試薬　無水 $\mathrm{Na_2SO_4}$，3 M $\mathrm{H_2SO_4}$，0.6 M $\mathrm{CuSO_4}$，5 M エチレンジアミン(EDA)，6 M NaOH
(CuSO₄とEDAの溶液はオートビュレットのついた試薬びんから採取する)

[実験1] 銅電極 (Cu^{2+}/Cu) の標準電極電位の測定

(1) 溶液および電極の準備

① 0.4 M $\mathrm{Na_2SO_4}$ 溶液の調製：無水 $\mathrm{Na_2SO_4}$ 8.53 g を秤量し，純水に少しずつ溶解させ，全量を150 mLとする．これは支持電解質(系の全イオン濃度を変動させない目的で用いる)である.

② 電位測定用銅電極の保存液の調製：まず純水約9 mLにピペットで3 M $\mathrm{H_2SO_4}$ を1 mL加えて希釈し，0.3 M $\mathrm{H_2SO_4}$ 溶液を調製する．続いて50 mLビーカーに純水50 mLを入れ，これに0.3 M $\mathrm{H_2SO_4}$ 溶液の2 mLを加える．この溶液を保存液として用いる.

③ 銅電極のメッキ：電位測定用銅電極を紙やすりでよく磨き，キムワイプで表面に残った銅粉をふき取ってからメッキ液に浸す．この銅電極を負極(黒端子)とし，もう1つのメッキ用銅電極を正極(赤端子)として3分間銅メッキを行う(注4)．メッキした銅電極はただちに純水で洗い，②で作った保存液中に保存する.

(注3) 銅–エチレンジアミン錯体の場合，錯イオンの形成が2段階で起こるので，文献においては1段目まで，2段目までの平衡定数(β_1, β_2)を記載する場合と，1段目，2段目それぞれにおける平衡定数を記載する場合とがある($\beta_1 = K_1$, $\beta_2 = K_1 \times K_2$)．また，文献では一般に「安定度定数(生成定数)」($= [\mathrm{Cu(EDA)_2}^{2+}]/[\mathrm{Cu}^{2+}][\mathrm{EDA}]^2$)として示されている.

(2) Cu^{2+}溶液の調製

① 0.005 M Cu^{2+}溶液：20 mLのメスシリンダーを用いて，上で調製した0.4 M Na_2SO_4溶液29.0 mLをはかって50 mLビーカーにとり，これに0.6 M $CuSO_4$溶液0.25 mLをオートビュレットから加える．さらに，上で調製した0.3 M H_2SO_4溶液1 mLをピペットで加え，0.005 M Cu^{2+}溶液を調製する．この溶液について，以下(3)に示した要領で電位の測定を行う．

② 0.01M Cu^{2+}溶液：①で電位の測定を終えた溶液にさらに0.6 M $CuSO_4$溶液0.25 mL(計0.50 mL)を加えて溶液を調製し，同じ要領で電位の測定を行う．以下も同様にして溶液調製後，電位の測定を行う．

③ 0.02 M Cu^{2+}溶液：②の溶液に0.6 M $CuSO_4$溶液0.50 mL(計1.00 mL)を加える．

④ 0.05 M Cu^{2+}溶液：③の溶液に0.6 M $CuSO_4$溶液1.70 mL(計2.70 mL)を加える．

⑤ 0.10 M Cu^{2+}溶液：④の溶液に0.6 M $CuSO_4$溶液3.25 mL(計5.95 mL)を加える．

(3) 酸性Cu^{2+}溶液中の銅電極の電位測定方法

① 50 mLビーカーに，先に調製した0.4 M Na_2SO_4溶液を約30 mL入れ，このビーカーと(2)で調製したCu^{2+}溶液を入れた50 mLビーカーを塩橋[注5]でつなぐ(両方の溶液にろ紙末端を浸す)．

② Na_2SO_4溶液にスタンドで支えた基準電極を浸し，Cu^{2+}溶液に銅電極を浸して電池を構成する．

③ 基準電極をデジタルボルトメーターの黒端子(COM側，マイナス側)に，銅電極を赤端子に接続し，電位差Eを測定する．電極を浸したのち1分後の値を読み取る[注6]．

④ 電位測定が終わったらCu^{2+}溶液の液温を記録し，銅電極を水洗して保存液に戻す．

(4) Cu^{2+}/Cu系の標準電極電位，および反応に関与する電子数の決定

Cu^{2+}の活量係数が1，すなわち活量＝モル濃度と仮定して，$\ln a_{Cu^{2+}}$とEの関係をグラフにプロットし，これを$\ln a_{Cu^{2+}} \longrightarrow 0$に外挿して，今回の実験温度における$Cu^{2+}$/Cu系の標準電極電位(飽和塩化銀電極基準)を求める．次にこの値を，次ページ表1のデータを用いて標準水素電極基準に換算し，文献値と比較する．また，傾きの実測値から反応に関与する電子数nを求め，理論値($n = 2$)と比較する．

[実験2] 銅エチレンジアミン錯イオンの平衡定数の測定

(1) 銅エチレンジアミン錯イオン溶液中の銅電極の電位測定

① 0.4 M Na_2SO_4溶液28.5 mLを50 mLビーカーにとり，これに0.6 M $CuSO_4$溶液0.25 mLをオートビュレットから加える．さらに0.3 M H_2SO_4溶液1 mLをピペットで加え，0.005 M Cu^{2+}溶液を調製する．この溶液に銅電極を浸し，[実験1]と同じ要領でCu^{2+}(0.005 M)/Cu系の電極電位を測定する．この操作は確認のために行う．

② 5 M EDA溶液1.0 mLを①の$CuSO_4$溶液に加える．このとき溶液は紫色になる．さらに6 M NaOH 2 mLを加えたのち[注7]，銅電極で溶液をよくかき混ぜ，静止してから1分後の電位を測定する．

(注4) メッキ液の組成：$CuSO_4 \cdot 5H_2O$ 2.0 g，濃硫酸5 mL，濃硝酸3 mL，純水150 mL； メッキ条件：200 mA，3 min

(注5) 塩橋は短冊状に切ったろ紙を0.4 M Na_2SO_4溶液に浸してから用いる．

(注6) 本実験では，酸素の影響(酸素による銅電極の溶解反応：$Cu \rightarrow Cu^{2+} + 2e^-$)により，電極を動かすと電位の変動が起こるので，電極を静止した状態で値を読み取ること．

(注7) NaOHはEDAの加水分解を抑え，EDAが二座配位子として働くようにする．EDAとNaOHを加える順序を逆にしないこと．

③ ②の溶液にさらに5 M EDA 1.0 mL(計2.0 mL)を加え，銅電極の電位を測定する．

④ ③の溶液にさらに5 M EDA 2.0 mL(計4.0 mL)を加え，銅電極の電位を測定する．

⑤ ④の溶液にさらに5 M EDA 4.0 mL(計8.0 mL)を加え，銅電極の電位を測定する．

(2) 銅エチレンジアミン錯イオンの安定度定数の決定 (注8)

反応に関与する全化学種の活量係数を1と仮定して，$\ln a_{\mathrm{EDA}}$ と E の関係をグラフにプロットし，$a_{\mathrm{EDA}} = 1$ のときの E の値を求める．次にこの値を(11)式に代入し($a_{\mathrm{EDA}} = 1$ のとき右辺第4項はゼロ)，E° は[実験1]で求めた値を用いて平衡定数 K を求める．また，反応に関与する電子数を $n = 2$ と仮定し，傾きの実測値から銅イオンに対するEDAの配位数を求める．

[注意点]グラフ用紙(方眼紙)および関数電卓を持参のこと．

表1．飽和塩化銀電極の電位(標準水素電極基準)

温度(℃)	14	16	18	20	22	24	26
電極電位(V)	0.210	0.208	0.206	0.204	0.202	0.200	0.198

研究問題

問1 [実験1]において構成した電池(銅電極と飽和塩化銀電極)の正極および負極での反応を記し，全電池反応を示せ．また，基準電極が標準水素電極の場合はどうか．

問2 [実験1]において，0.4 M Na_2SO_4 溶液中の Cu^{2+} の活量係数($\gamma_{Cu^{2+}}$)は約0.19であるので，実験により求めた E° の値は文献値より小さいはずである．[実験1]で得た値を $\gamma_{Cu^{2+}} = 0.19$ のときの値と仮定して，$a_{Cu^{2+}} = 1$ のときの E° を計算してみよ(本実験では，Cu^{2+} を加えても全イオン濃度が大きく変動しないように多量の Na_2SO_4 を支持電解質として加え，$\gamma_{Cu^{2+}}$ が変動しないような条件にしている)．

問3 [実験2]で得られた K の値から(12)式における $E^\circ_{\mathrm{Cu(EDA)_2{}^{2+}/Cu}}$ の値を求めよ．

■ 参考文献

・活量や電極電位の理論について：電気化学，物理化学や分析化学の参考書，例えば「アトキンス物理化学　第10版」P. Atkins, J. de Paula 著，東京化学同人，「溶液内イオン平衡に基づく分析化学　第2版」姫野貞之，市村彰男著，化学同人など．

・標準電極電位や平衡定数(安定度定数)の一覧：「化学便覧　基礎編　改訂6版」日本化学会編，丸善；「電気化学便覧　第5版」電気化学会編，丸善など．

(注8) この実験では，溶液中のEDAの活量は Cu^{2+} に配位している分を差し引き，EDAおよびNaOHを加えたことによる液量の増加を考慮して計算により求める．一方，$Cu(EDA)_2{}^{2+}$ の活量は液量が増加しても便宜上一定(0.005 M)とみなす．この近似により，平衡定数 K および配位数を求めるためのグラフにおける傾きを約3 mV過大に見積もることになる．

8. 1次反応速度定数

〈平均終了時間－2時間50分〉

化学反応は場合によって速く進むものと遅く進むものがあることを経験的に感じたことがあるであろう．例えば同じ酸化反応においても，爆薬の反応は一瞬のうちに進行するが，金属が錆びる反応は非常に長時間をかけて進行する．このような化学反応の速度について詳細に調べて，反応の速度がどのような式で表されるか知ることは重要である．なぜなら，これによって反応開始後の任意の時刻における生成物の量を予想できるだけでなく，反応全体がどのような過程から成り立っているのか，どのような機構で進行するのかなど，反応の本質に関する詳しい情報を得ることができるからである．

(1) 化学反応の速度

いま，次式のように反応物A，Bから生成物Pが生成するような反応を考える．

$$\mathrm{A} + \mathrm{B} \longrightarrow \mathrm{P} \qquad (1)$$

この反応が単にAとBの衝突により進行する反応であるならば，反応速度はAとBの単位時間あたりの衝突回数に比例する．衝突回数はAとBの濃度(注1) C_A，C_Bに比例するから，反応速度Rは次式で表される．

$$R = kC_\mathrm{A}C_\mathrm{B} \qquad (2)$$

しかし，多くの化学反応は上述のような簡単な反応ではなく，複数の簡単な反応(素反応)の組み合わせとして進行する．この組み合わせの詳細が明らかでない場合は，反応速度を表す式(反応速度式)を反応式から決定することはできない．そのため，実際には実験結果から決定している．

一般に$a\mathrm{A} + b\mathrm{B} + \cdots + n\mathrm{N} \longrightarrow \mathrm{Products}$で表される化学反応の速度は，温度が一定の場合，反応物(分子，イオン，原子など)の濃度($C_\mathrm{A}, C_\mathrm{B}..., C_\mathrm{N}$)だけの関数として表される．その反応速度式が，

$$R = kC_\mathrm{A}^{a}C_\mathrm{B}^{b}\ldots C_\mathrm{N}^{n} \qquad (3)$$

と表されるとすると，この反応の反応次数をAに関してa次，Bに関してb次，…といい，全反応の次数を$(a + b + \cdots. + n)$次という．そしてkを$(a + b + \cdots. + n)$次反応速度定数という(注2)．

(2) 1次反応

いま$a = 1$，$b = c = \cdots = n = 0$のときは(3)式は単に，

$$R = kC_\mathrm{A} \qquad (4)$$

となる．この場合を1次反応といい，そのときのkを1次反応の速度定数という．また，反応速度は単位時間当たりの反応物濃度C_Aの減少として表されるから，

(注1) ただし，正確には濃度ではなく活量である．

(注2) 反応速度定数は近似的にアレニウス式$k = A\exp\left(-\dfrac{E_\mathrm{a}}{k_\mathrm{B}T}\right)$($A$は定数)で表されることが多い．$E_\mathrm{a}$は反応を進めるのに必要なエネルギー(活性化エネルギー)を表している．

$$R = -\frac{dC_A}{dt} \quad \cdots\cdots (5)$$

となる[注3]．結局(4)，(5)式より，1次反応の速度式は

$$-\frac{dC_A}{dt} = kC_A \quad \cdots\cdots (6)$$

という微分方程式で表される．ここで $t = 0$ のとき $C_A = C_A(0)$（初期濃度）として(6)式を積分すると，

$$\ln \frac{C_A}{C_A(0)} = -kt \quad \cdots\cdots (7)$$

あるいは，

$$\ln C_A = -kt + \ln C_A(0) \quad \cdots\cdots (8)$$

となる．

(3) 擬1次反応

1次反応の典型例は分解反応や異性化反応などに見られる．1次反応でない化学反応でも実験条件を適当に選ぶことにより近似的に1次反応とみなせる場合がある．このような場合を擬1次反応とよぶ．本実験で行う酢酸エチルの加水分解もその1つである．酢酸エチルは水溶液中では次式のように反応する．

$$CH_3COOC_2H_5 + H_2O \longrightarrow CH_3COOH + C_2H_5OH \quad \cdots\cdots (9)$$

この反応は純粋な水の中ではほとんど進まないが，酸性溶液中では水素イオンの触媒作用によってかなり速く進行する．この反応では逆反応であるエステル化も起こり，最終的には平衡になるが，その平衡は水が多量であれば極端に右に偏っている．多くの研究結果から，現在では(9)式の反応は次のような複合反応として進行すると考えられている．

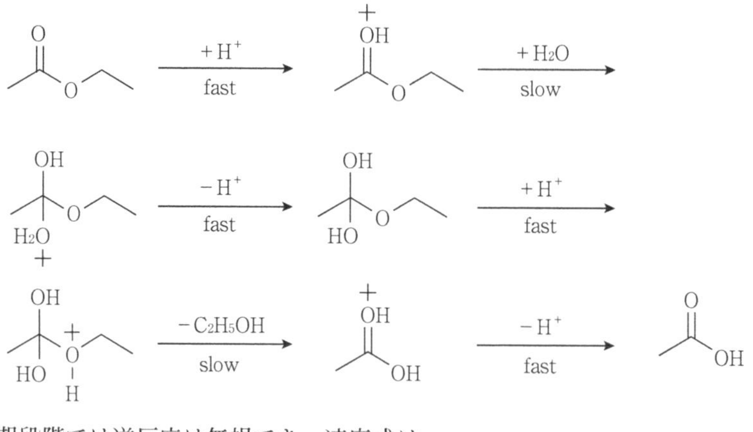

反応の初期段階では逆反応は無視でき，速度式は，

$$R = k' C_{CH_3COOC_2H_5} C_{H_2O} C_{H^+} \quad \cdots\cdots (10)$$

となり，3次反応になることが知られている．しかし，実際の実験ではエステルの量に比べて水の量を大過剰にするので，水の濃度は反応中変化しないとみなせる．また，塩酸として加えた水素イオンは触媒であるため消費されず，生成する酢酸の解離によって生じる水素イオンは酢酸が

(注3) 反応速度は，(5)式で表されるような反応物の減少や生成物の増加の時間変化，すなわち「割合」であるので，英語では reaction rate となる．車などの速度(velocity)とは異なることに注意．

弱酸であるため無視できるので，水素イオン濃度も反応を通じて一定とみなせる．すると(10)式は

$$R = kC_{CH_3COOC_2H_5} \quad ただし，k = k'C_{H_2O}C_{H^+} \qquad (11)$$

となり，(4)式と同じ形であることから，1次反応として取り扱えることがわかる．

(4) 反応速度定数の測定

酢酸エチルの加水分解における反応速度定数を求めるには，(8)式からわかるように，ある反応時間tにおける酢酸エチルの濃度C_Aを何点か測定すれば良い．その上で，$\ln C_A$をtに関してプロットすれば直線となるが，その傾きから1次反応速度定数kが求まる．(9)式の反応の場合，酢酸エチル1 molから酢酸1 molが生成するから，酢酸の濃度を定量すれば酢酸エチルの濃度を知ることができる．酢酸の濃度はNaOH水溶液を用いた酸塩基滴定により求めることができる．

実験操作

器具　恒温槽，三角フラスコ(200 mL)，ホールピペット(5 mL)，ビュレット(25 mL)，コニカルビーカー(200 mL × 2個)，試験管，メスシリンダー(100 mL，20 mL)，三角フラスコ固定リング，スターラー，回転子，方眼紙(各自で持参)

試薬　酢酸エチル，0.5 M HCl(正確な濃度はタンクに記載)，6 M NaOH，0.1％フェノールフタレイン

[実験] 酢酸エチルの加水分解における反応速度定数

恒温槽は約28℃付近で一定の温度になるように設定してある．ただし，正確に28℃である必要はなく実験中に温度が一定であることが重要なので，温度が28℃からずれていても，温度調整部を動かさないこと．まず，200 mL三角フラスコに共通試薬としてあらかじめ用意されている0.5 M HCl(正確な濃度は試薬タンクに記載されているので必ず記録しておくこと)を86 mL取り，三角フラスコ固定リングで固定して恒温槽中に浸す．ときどき振り混ぜて恒温槽の水温と同じ温度になるようにする．このとき恒温槽の水量が多すぎると実験中にフラスコが転倒するなどのトラブルが発生しやすいので，フラスコが不安定な場合はインストラクターに申し出ること(注4)．

(1) NaOH水溶液の標定(注5)

6 M NaOHを約20倍に希釈して0.3 M程度のNaOH水溶液を約200 mL調製する．よく撹拌して濃度が均一になるようにし，ゴム栓付試薬びんに保存する．2個のコニカルビーカーにそれぞれ純水約50 mLと2～3滴のフェノールフタレインを入れておく．調製した約0.3 MのNaOH水溶液をビュレットに入れる．恒温槽中の三角フラスコよりHCl 5 mLをホールピペットで吸い上げて上記のコニカルビーカーに加え回転子を入れた後，スターラーで撹拌をしながら調製したNaOH水溶液でただちに滴定する．スターラーの回転が速過ぎると回転子が飛び跳ねてしまうので注意する．滴定は2回，終点(指示薬が変色する点)まで行い，その時の適下量を記録する．その滴定値の平均値と試薬タンクに記載されているHClの濃度より，各自調製したNaOH水溶液の正確な濃度(C_{NaOH})を求める．酢酸エチルが全て反応した場合の滴定値(V_c)を計算により求め，$\ln\{V_c - V(t)\}$対tのグラフを準備する(注6)．

(注4) 実験中誤って薬品を恒温槽中にこぼした場合は，ただち教員もしくはインストラクターに申し出ること．放っておくと恒温槽が壊れるおそれがある．
(注5) 溶液の濃度を正確に決定する操作を標定という．

$t=0$ での滴定値[$V(0)$]を反応液の体積変化を考えて(酢酸エチルと HCl とで体積の加成性が成り立つとして)計算により求め，グラフにプロットしておく．

(2) 反応速度の測定

酢酸エチル 4 mL を三角フラスコ中の HCl にオートビュレットから直接加え，ただちに激しく振り混ぜて完全に溶かす．振り混ぜた直後は酢酸エチルが球状に分離して懸濁するため，球状の酢酸エチルが消失し，溶液が透明になるまで十分に振り混ぜる．酢酸エチルが完全に溶けた時刻を記録し，$t=0$ とする．三角フラスコを恒温槽に入れたのち，三角フラスコから反応液 11 ～ 12 mL を試験管にとり，共通装置として用意してある 60℃に保たれた恒温槽内の試験管立てに挿して加熱する．反応開始 10 分後，三角フラスコ中の反応液 5 mL をホールピペットで分取し，純水約 50 mL とフェノールフタレインを入れたコニカルビーカーに加える．ただちに NaOH 水溶液で滴定を行い，滴定値を $V(10)$ とする(注7)．結果はすぐにグラフにプロットする．以下，20，30，40，50，60 分後に同様の操作を繰り返し，$V(t)$ ($t = 10, 20, 30...$)を得る．滴定を行う際に分取した反応液を多量の純水に加えるのは反応速度を遅くし，滴定中に反応がなるべく進行しないようにするためである(したがって，反応液を純水に加えた瞬間を滴定時刻とする)．しかし，反応が止まっているわけではないので，反応液を取り出したら素早く滴定する．また，時刻がわかっていれば，滴定時刻は正確に 10 分後，20 分後，...である必要はない．状況に応じて，混合してから 60 分程度経つ間に 6 点ほど適切な滴定時刻を選んでよい．60 分後の滴定が終わったら 60℃の恒温槽に浸していた試験管に水道水をかけて室温まで冷却し，その 5 mL を取って同じように滴定する[$V(\infty)$]．

(3) 結果の整理

各時刻ごとの滴定値 $V(t)$ をプロットしたグラフが直線になることから，1 次反応であることが確かめられる．実験当日はグラフから直線の傾きを読み取り，これを用いて 1 次反応速度定数 k の値を求める．レポート作成時においては最小二乗法(付録 1 参照)により k を求める．このとき直線から大きくはずれた点は除いて計算する方がよい結果を得られる．

研究問題

問 1 反応速度の測定の際には滴定前に抜き取った反応液に多量の水を加えて反応の進行を遅くしている．この操作により反応が遅くなる理由を説明せよ．

問 2 今回の実験では恒温槽で温度を一定に保つことが実験精度を上げる観点から重要である．この理由をアレニウス式を用いて説明せよ．

問 3 実際の反応に関わる反応物は有限の大きさをもっている．同じ濃度においても異なる大きさ(断面積)をもつ反応物を考えた場合，反応液中で反応物が単位時間あたり衝突する回数はどうなるか？　また，これにもとづきアレニウス式中の定数 A の意味を考えてみよ．

■ 参考文献

・「理工系基礎化学」3 章，市村禎二郎，岡田哲男ら著，講談社サイエンティフィク

・「アトキンス物理化学 下巻　第 10 版」P. Atkins, J. de Paula 著，東京化学同人

(注 6) 酢酸エチルの純度，分子量，密度はそれぞれ 95.0%，88.1，0.900 g·cm^{-3} とする．ただし，不純物中に水は含まれない．A4 のグラフ用紙を用いて，縦軸は 0.1 を 5 cm，横軸は 10 分を 2 cm とすると良い．

(注 7) 滴定値は小数点以下 2 桁まで読み取る(例：7.88 mL)．

9．分光光度計による解離定数の測定

〈平均終了時間－3時間〉

弱酸や弱塩基などの弱電解物質の解離定数(注1)は，解離により水溶液中に生ずる化学種の濃度を測定することで決定できる．例えば酢酸のような酸では，水溶液のpHを測定することにより簡便に解離定数が求められる．弱酸や弱塩基分子(あるいはこれらが電離してできたイオン種)が紫外(400 nm以下)・可視(400～700 nm)領域の光を吸収する場合，図1のような紫外可視吸収スペクトルを測定することで，水溶液中に存在する化学種の濃度を知ることができる．これによって比較的簡単に解離定数を求めることができる．

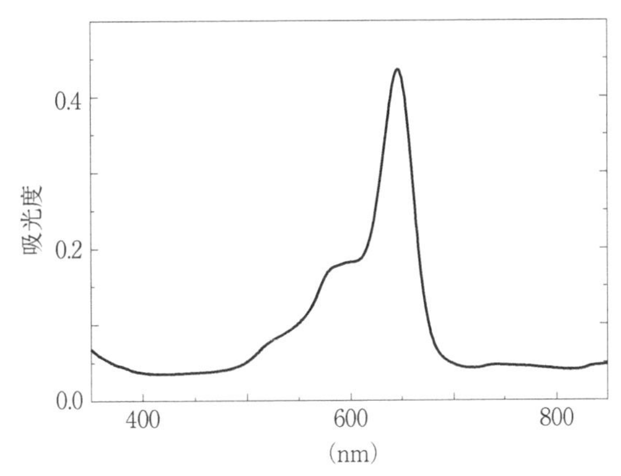

図1．ある色素分子の可視光領域の吸収スペクトル

可視領域の光を吸収する弱電解物質の代表的な例にpH指示薬がある．指示薬はそれ自身が弱酸あるいは弱塩基であり，解離前の分子と解離により生じるイオンで異なる波長の光を吸収する．したがって，溶液のpH変化に伴い解離度が変化すると，溶液の吸収波長に大きな変化が生ずる．人間の目にはこれが溶液の色の変化となって認識されるが，可視吸収スペクトルでは吸収ピーク位置のシフトとなって観測される．吸収ピークの強度は溶液中の化学種の濃度に依存するため，吸収スペクトルを測定することで，溶液中に含まれる化学種の濃度が決定できる．

本実験では，いくつかの弱酸性の指示薬を未知試料として選び，分光光度計(注2)により吸収スペクトルを測定して酸解離定数を決定する．また，得られた酸解離定数の値から未知試料を推定する．以下では，弱酸性の指示薬を例にとり，分光光度計を用いた酸解離定数決定までの原理と

(注1) 平衡定数ともよばれ，弱酸の場合には酸定数や酸解離定数，弱塩基の場合には塩基定数や塩基解離定数などとよばれる．

(注2) 分光光度計については，付録3「分光光度計」を参照のこと．

手順を述べる．

いま，弱酸性の指示薬(indicator)をHIndで示し，これが解離して生じる陰イオンをInd^-で表すことにすると，次のような酸-塩基解離平衡が成り立つ(注3)．

$$HInd \rightleftarrows H^+ + Ind^- \quad (1)$$

この式の解離定数をK_aとすると，

$$K_a = \frac{a_{H^+} a_{Ind^-}}{a_{HInd}} \quad (2)$$

となる．ここでaは活量(activity)を表す．両辺の対数をとると次の式が得られる．

$$pK_a = pH - \log \frac{a_{Ind^-}}{a_{HInd}} \quad (3)$$

分光光度計で測定する指示薬溶液は，濃度$10^{-5} \sim 10^{-4}$ M ($M = mol\ L^{-1}$)の希釈溶液であるため，Ind^-とHIndの活量a_{Ind^-}とa_{HInd}を濃度C_{Ind^-}とC_{HInd}に等しいとする近似が成り立つ．したがって(3)式は

$$pK_a = pH - \log \frac{C_{Ind^-}}{C_{HInd}} \quad (4)$$

と書き換えることができる((3)式と(4)式のpHは同じでないことに注意)．たいていの指示薬の変色域はpHの値でほぼ2の範囲に渡っており(例えばメチルオレンジは3.1～4.4，フェノールフタレインは8～9.6である)，(4)式を使えば，C_{Ind^-} / C_{HInd}がほぼ100倍変化すると人間の目には溶液の色の変化が認識されることがわかる．

(4)式を見ると，K_aを求める際には溶液に含まれるHIndとInd^-の濃度比C_{Ind^-} / C_{HInd}を求めればよいことがわかる．本実験では，C_{Ind^-} / C_{HInd}を決定する際に分光光度計を用いる．いまHIndとInd^-が同時に存在している溶液の吸光度についてLambert-Beerの法則が成立するものとする(注4)．すると，可視領域の2つの波長λ_1，λ_2の光を使って測定される溶液の吸光度A_1，A_2は，次の式で与えられる．

$$A_1 = (\varepsilon_1 C_{HInd} + \varepsilon_1' C_{Ind^-})d \quad (5)$$

$$A_2 = (\varepsilon_2 C_{HInd} + \varepsilon_2' C_{Ind^-})d \quad (6)$$

ここでε_1，ε_2はHIndの，またε_1'，ε_2'はInd^-の，波長λ_1およびλ_2におけるモル吸光係数であり，dは溶液層の厚さ(光路長，セル長ともいう)である．したがって，モル吸光係数の値がわかれば，(5)，(6)式からC_{HInd}およびC_{Ind^-}を計算することができ，(4)式を用いてK_aを求めることができる．

HIndとInd^-のモル吸光係数εおよびε'は，HIndあるいはInd^-のみを含むように液性を調整した溶液の吸光度を測定することで，以下の手続きで求められる．まず酸性溶液とアルカリ性溶液それぞれで，指示薬濃度が異なる複数の溶液を調製する．酸性溶液中ではHIndの解離が無視できるため溶液中にはHIndのみが存在し，アルカリ性溶液では大半が解離するためInd^-のみが存在することになる．ついで，これらの溶液の吸光度を波長λの光で測定する．図2のように吸光度を濃度に対してプロットし，プロット点と原点を結ぶ直線(検量線)を引く．溶液がLambert-Beerの法則に従えば，直線の傾きからモル吸光係数が求まることは容易にわか

(注3) 弱塩基性指示薬の場合には，$IndH^+ \rightleftarrows Ind + H^+$となる．

(注4) Lambert-Beerの法則が成立する溶液では，吸光度Aと溶液濃度Cの間には$A = \varepsilon C d$関係が成り立つ．詳細については付録3「分光光度計」を参照のこと．

るであろう．酸性溶液の結果からはεが，アルカリ性溶液の結果からはε'が求められる．また，光の波長としてλ_1およびλ_2を選ぶことでε_1とε_2，あるいはε_1'とε_2'が得られる．ここでλ_1およびλ_2は，HIndとInd^-の吸収ピークの極大に近く，かつモル吸光係数の差が大きい(注5)2つの波長を選ぶ．

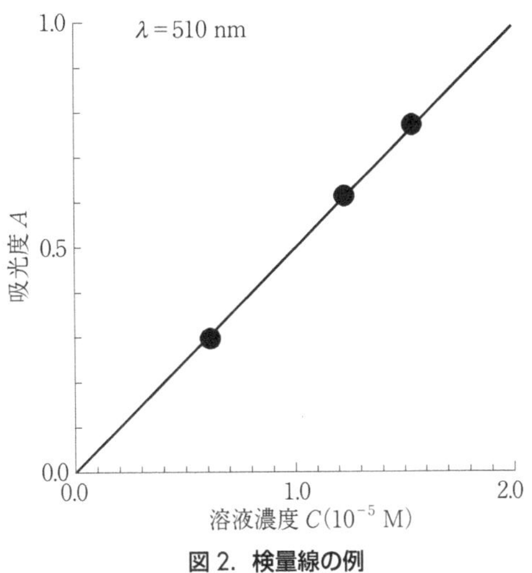

図2．検量線の例

以上の議論は指示薬が弱酸性の場合であった．しかし，弱塩基性の場合でも上と同じような考え方が成立する．

実験操作

器具　分光光度計，吸収セル，メスピペット(5 mL)，安全ピペッター，ビュレット，試験管，試験管立て，ビーカー，洗浄びん，方眼紙(各自で持参)

試薬　2 M HCl，6 M NaOH，0.2 M CH_3COOH，0.2 M CH_3COONa，0.13 M KH_2PO_4，0.13 M Na_2HPO_4(注6)，指示薬(未知試料としてメチルオレンジ，メチルレッド，アリザリンS溶液)

[実験1] 試料溶液の調製

未知試料A，B，Cのうちから指定された試料原液を取り，その試料原液の濃度を記録しておく．割り振られた試料について，酸性およびアルカリ性の試料溶液を，表1を参考にして試験管内で調製する．原液採取にはメスピペットを用い，純水(あるいはエタノール水溶液)を加えて全量を20.0 mLにする際にはビュレットを用いること．試料の混合は，空の試験管を用意して溶液を2本の試験管に交互に3，4回入れ替えることによって行う．

(注5) 溶液濃度Cと光路長dが一定であれば$A \propto \varepsilon$となるため，「モル吸光係数の差が大きい」は「吸光度の差が大きい」と読みかえることもできる．

(注6) KH_2PO_4とNa_2HPO_4の混合溶液は塩基性のリン酸緩衝溶液となる．

表 1. 試料溶液の調製法

未知試料 A：次の 6 種類を試験管に用意し，それぞれに純水を加え全量を 20.0 mL とする.			
酸性	acid−1 原液 4.0 mL 2 M HCl 1 滴	acid−2 原液 8.0 mL 2 M HCl 1 滴	acid−3 原液 10.0 mL 2 M HCl 1 滴
アルカリ性	base−1 原液 4.0 mL 6 M NaOH 1 滴	base−2 原液 8.0 mL 6 M NaOH 1 滴	base−3 原液 10.0 mL 6 M NaOH 1 滴
未知試料 B：次の 6 種類のそれぞれに 20%エタノール水溶液を加え，全量を 20.0 mL とする.			
酸性	acid−1 原液 4.0 mL 2 M HCl 1 滴	acid−2 原液 8.0 mL 2 M HCl 1 滴	acid−3 原液 10.0 mL 2 M HCl 1 滴
アルカリ性	base−1 原液 4.0 mL 6 M NaOH 1 滴	base−2 原液 8.0 mL 6 M NaOH 1 滴	base−3 原液 10.0 mL 6 M NaOH 1 滴
未知試料 C：次の 6 種類のそれぞれに純水を加え，全量を 20.0 mL とする.			
酸性	acid−1 原液 4.0 mL 2 M HCl 1 滴	acid−2 原液 8.0 mL 2 M HCl 1 滴	acid−3 原液 10.0 mL 2 M HCl 1 滴
アルカリ性	base−1 原液 4.0 mL 0.13 M KH_2PO_4 4 mL 0.13 M Na_2HPO_4 6 mL	base−2 原液 8.0 mL 0.13 M KH_2PO_4 4 mL 0.13 M Na_2HPO_4 6 mL	base−3 原液 10.0 mL 0.13 M KH_2PO_4 4 mL 0.13 M Na_2HPO_4 6 mL

【実験 2】 λ_1，λ_2 における検量線の作成

(1) 測定波長 λ_1，λ_2 の決定

酸性・中性・アルカリ性に調整された未知試料溶液の吸収スペクトルデータが p.59 に記載されている. 吸収スペクトルを見ると，酸性とアルカリ性のそれぞれの吸収極大に近く，かつ HInd と Ind^- のモル吸光係数の差が大きい 2 つの波長 λ_1，λ_2 が次表のように決定できる.

表 2. 吸光度測定で用いる 2 つの波長 λ_1，λ_2

未知試料	λ_1 (nm)	λ_2 (nm)
A	430	510
B	420	520
C	420	510

(2) セル補正値の測定（付録 3. 参照）

吸光度測定用の吸収セルは 7 個配布する. そのうちの 1 つを基準セルとし，残り 6 個のセルのセル補正値を λ_1，λ_2 両方について求める. 測定は次のように行う. まず，全ての吸収セルに溶媒である純水を入れる（これを空セルとよぶ). このうち 1 つの空セルを「基準セル」として吸光度をゼロに設定し，残りの空セルの吸光度測定を行う. 注意しなければいけないのは，このとき対照セルホルダーには何も入れない，ということである.

このようにして得られた各セルのセル補正値はゼロに近い値で，なかにはマイナスの値を示す

こともある．セル補正値を求めた後は，どのセルにどの溶液を入れたのかがわかるようにしなければならない．

(3) 検量線の作成

[実験 1]で調製した，試料濃度と液性が異なる6つの溶液について，波長λ_1およびλ_2で吸光度を測定する．吸収セルに溶液を入れるときは必ず前もって共洗いをする．横軸に試料濃度を，縦軸に吸光度をとったグラフを作成し，波長と液性ごとにそれぞれ3つのデータをプロットする．これらの3点と原点を結ぶ直線(検量線)を引き，その傾きからモル吸光係数ε_1，ε_2(酸性)，ε_1'，ε_2'(アルカリ性)を求める．

[実験 3] HInd と Ind^-の濃度の決定

(1) 指示薬を含む緩衝溶液の調製

緩衝溶液は，少量の酸や塩基を加えたり溶液濃度が多少変化してもpHが変わらない溶液である．実験3では，4種類の異なるpHの試料溶液を調製し，それらの吸光度を測定する．その際，pHが変わらないように試料溶液に緩衝溶液を加える．緩衝溶液として，酢酸緩衝溶液($CH_3COOH+CH_3COONa$)(注7)とリン酸緩衝溶液($KH_2PO_4+Na_2HPO_4$)を用いる．まず試料原液10.0 mLを試験管にとり，表3で指定されたa，b(あるいはc，d)の各溶液を加え，全量が20.0 mLになるように調製する(各溶液は，それぞれを混合した時に体積変化がない，すなわち加成性が成り立つものとして扱う)．

表 3．試料溶液に加える緩衝溶液成分の内訳

No.	1	2	3	4	5	6	7	8	9	10	11
pH	3.1	3.5	3.8	4.1	4.4	4.7	5.0	5.3	5.6	5.9	6.2
a(mL)	9.70	9.40	8.90	8.00	6.66	5.00	3.33	2.00	1.10	—	—
b(mL)	0.30	0.60	1.10	2.00	3.33	5.00	6.66	8.00	8.90	—	—
c(mL)	—	—	—	—	—	—	—	—	—	9.00	8.00
d(mL)	—	—	—	—	—	—	—	—	—	1.00	2.00

a : 0.2 M CH_3COOH，b : 0.2 M CH_3COONa，c : 0.13 M KH_2PO_4，d : 0.13 M Na_2HPO_4

a，b，c，dの各液の採取には共通のビュレットを，試料原液にはメスピペットを用いる．

試料Aでは，No. 1，2，3，4を調製．

試料Bでは，No. 5，6，8，9を調製．

試料Cでは，No. 8，9，10，11を調製．

このとき，[実験 1]と同じ方法で液をよく混合すること．

(2) 吸光度測定

[実験 3] (1)で調製した溶液について，2つの波長λ_1およびλ_2で吸光度を測定する．

■ 参考文献

・「定量分析化学　改訂版」R. A. Day, Jr.，A. L. Underwood 著，培風館

(注 7) 酢酸緩衝溶液は，ワルポール緩衝溶液(Walpole's buffer solution)とも呼ばれる。

研究問題

問 1 1 L 中に溶質 400 mg が溶けている溶液の透過率が，ある波長の入射光に対して 20% であった(セルの厚さ 1 cm)．溶質の分子量が 200 であるとして次の値を求めよ．ただし，この溶液は，いずれも Lambert–Beer の法則に従うものとする．

(1) この溶液の吸光度

(2) この溶質のモル吸光係数

(3) 厚さを 2 倍にしたときの吸光度

(4) 濃度を 1/2 にしたときの吸光度

問 2 pH 2.9 の指示薬溶液の吸光度を測定した結果(セルの長さ 1 cm)，λ_1 では $A = 0.558$，λ_2 では 0.340 であった．

$\varepsilon_1 = 4.1 \times 10^4\,(\mathrm{M^{-1}\,cm^{-1}})$　$\varepsilon_1' = 1.0 \times 10^4\,(\mathrm{M^{-1}\,cm^{-1}})$

$\varepsilon_2 = 2.0 \times 10^4\,(\mathrm{M^{-1}\,cm^{-1}})$　$\varepsilon_2' = 2.4 \times 10^4\,(\mathrm{M^{-1}\,cm^{-1}})$

として，次の値を求めよ．

(1) C_{HInd} (M)

(2) $C_{\mathrm{Ind^-}}$ (M)

(3) $\log(C_{\mathrm{Ind^-}} / C_{\mathrm{HInd}})$

(4) $\mathrm{p}K_{\mathrm{a}}$

問 3 弱酸性指示薬(例えば，メチルオレンジ)の場合には，次の平衡が考えられる．

$\mathrm{Ind} + \mathrm{H^+} \rightleftarrows \mathrm{IndH^+}$

このときの平衡定数を K_{b} として，本文の(1)～(4)式にならって，$\mathrm{p}K_{\mathrm{b}}$ を求める式を導け．

問 4 吸収スペクトル

未知試料の酸性および塩基性の吸収スペクトルを同一のグラフ上に図示せよ．また，測定した試料が A，B，C のいずれであるかをグラフ上に示せ．

問 5 検量線の作成

(1) 検量線を作成するにあたって選んだ 2 つの波長 λ_1，λ_2 を，吸収スペクトルの図の上に赤矢印で示せ．

(2) 波長 λ_1，λ_2 における酸性および塩基性の検量線のグラフを作成せよ．

(3) この検量線より求めたモル吸光係数の値を，図の検量線の近くに書き入れよ．

問 6 濃度の決定と酸解離定数

(1) [実験 3] で得られた吸光度 A とそのときの pH の値を示せ．

(2) この吸光度と上で求めたモル吸光係数を用いて，濃度 C_{HInd} と $C_{\mathrm{Ind^-}}$ を求めよ．

(3) C_{HInd} と $C_{\mathrm{Ind^-}}$ の比の対数を横軸に，pH を縦軸にとってグラフを作成し，各点を結ぶ直線と縦軸の交点から $\mathrm{p}K_{\mathrm{a}}$ を求めよ．

(4) また，(4)式から各 pH における $\mathrm{p}K_{\mathrm{a}}$ を計算し，その値を平均して $\mathrm{p}K_{\mathrm{a}}$ を求めよ．

問 7 未知試料の推定

実験より求めた $\mathrm{p}K_{\mathrm{a}}$ の値から未知試料名を推定せよ．

なお，$\mathrm{p}K_{\mathrm{a}}$ の文献値は，次表のとおりである．

物　質	pK_a
メチルオレンジ (sodium 4'-dimethylaminoazobenzene-4-sulfonate)	3.46
メチルレッド (4'-dimethylaminoazobenzene-2-carboxylic acid)	5.00
アリザリンS (sodium 1, 2-dihydroxylanthraquinone-3-sulfonate)	5.54

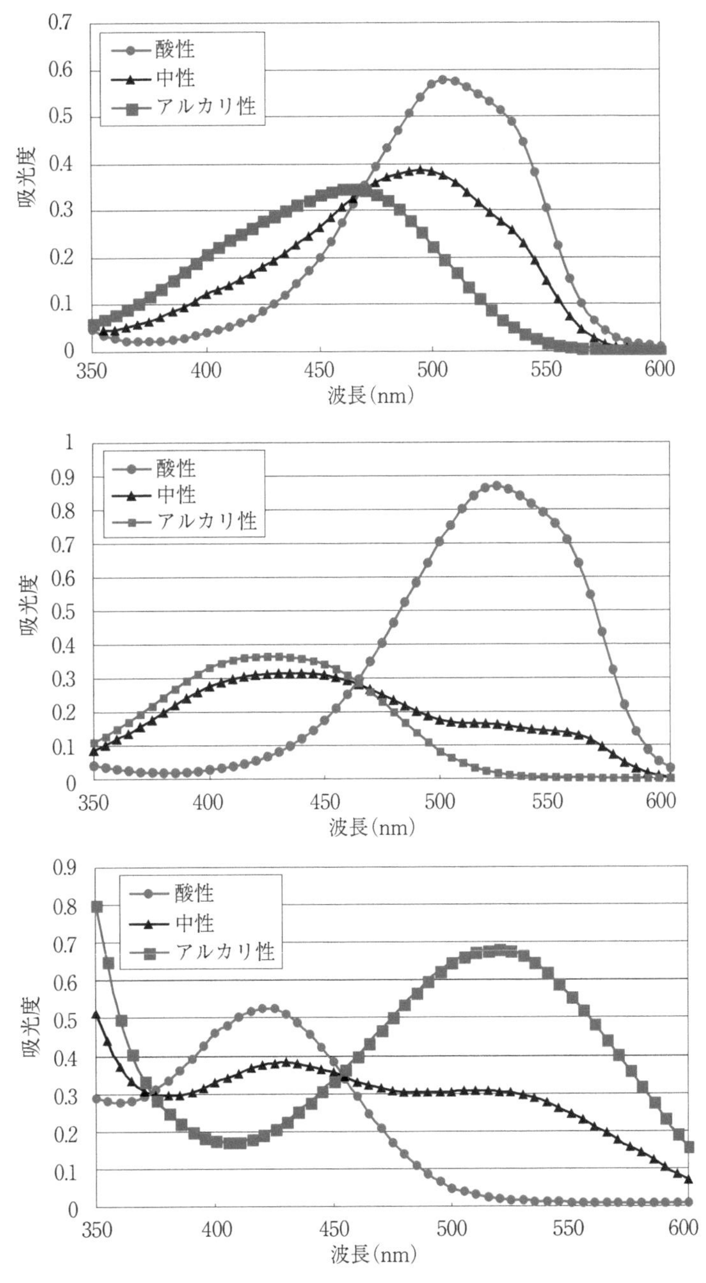

図3．未知試料A，B，Cの各液性での吸収スペクトル(上からA，B，C)

10. *p*-ニトロアセトアニリドの合成

〈平均終了時間－3 時間 10 分〉

ニトロアニリンは，ジアゾニウム塩を経由してアゾ染料に容易に転化できるため，染料合成上の重要な中間体となっている(11.「メチルオレンジの合成」の項を参照).

その異性体の 1 つである *p*-ニトロアニリンは，置換基であるアミノ基($-NH_2$)の配向性(求電子置換反応におけるベンゼン環の反応位置の指向性)がオルト・パラ配向性であり，アニリンを直接ニトロ化して得ることができる．しかし，通常この反応は酸の存在下で行うため，アミノ基がアンモニウム基($-NH_3{}^+$)の形で存在しており，その配向性がメタ配向性になることから，*p*-置換体の収量が少なくなってしまう．

NH_2
HNO_3
H_2SO_4
低温
$NH_3{}^+$
NH_2
NO_2
＋
NH_2
NO_2
NH_2
NO_2
主生成物
副生成物

また，温度などの条件によってはアミノ基自身が酸化されてしまう場合もあるため，アニリンを直接ニトロ化する方法はあまり有効ではない．そこで，はじめにアニリンをアセチル化し，アセトアニリドとしてアミノ基を保護する．このとき，置換基であるアセトアミノ基($-NHCOCH_3$)はニトロ化の条件では反応せず，しかもアミノ基と同様にオルト・パラ配向性を示すので，アセトアニリドをニトロ化すると *o*-および *p*-ニトロアセトアニリドが生成する(*p*-体の方が多く得られる)．これらを加水分解することにより，*o*-および *p*-ニトロアニリンを得ることができる．

本実験では，*p*-ニトロアニリン合成における中間体 *p*-ニトロアセトアニリドの合成を行う．

実験操作

器具・装置　ビーカー(50 mL)，試験管，ピペット，吸引びん，ブフナーロート，ポンプ，ガラス棒，水浴，ろ紙，コニカルビーカー，電子天秤，融点測定装置，融点測定用器具(吸収板，カバーガラス，ピンセット，スパチュラ，ガラス板，冷却ブロック)，ヒーティングブロック，恒温槽

試薬　アニリン，無水酢酸，酢酸，濃硫酸，濃硝酸

(いずれもドラフト内のオートビュレットのついた試薬びんから採取する)

[実験 1] アニリンのアセチル化

$$\text{アニリン} + (CH_3CO)_2O \text{(無水酢酸)} \longrightarrow C_6H_5NHCOCH_3 \text{(アセトアニリド)} + CH_3COOH$$

アニリン 2 mL を乾いた試験管にとり，これに無水酢酸 3 mL をピペットで 1 滴ずつゆっくりと滴下する．滴下終了後，この試験管を約 80℃のヒーティングブロックで約 5 分間加熱し，反応を促進させる．次に，この反応液をビーカー中の 30 mL の純水に，ガラス棒を使ってかき混ぜながら注ぎ込む．このときアセトアニリドの沈殿が生成するので，吸引ろ過により集める．ブフナーロート上の結晶を少量の純水で数回洗浄した後，ろ紙にはさんでよく乾燥する．電子天秤にて秤量し，収率を計算する．ごくわずかの試料を用いて融点を測定し，残りは全量[実験 2]に用いる．

[実験 2] アセトアニリドのニトロ化

$$\text{アセトアニリド} \xrightarrow[5\sim10℃]{(HNO_3,\ H_2SO_4)} p\text{-ニトロアセトアニリド（主生成物）} + o\text{-ニトロアセトアニリド（少量）}$$

50 mL ビーカーに酢酸 4 mL をとり，[実験 1]で得られたアセトアニリドを加える．これに濃硫酸 5 mL をピペットで 1 滴ずつ加えてアセトアニリドを溶かした後，ビーカーを氷浴で冷却しておく．別途乾いた試験管に濃硝酸 2 mL をとり，濃硫酸 2 mL をピペットで少しずつ加えて混酸を調製する．同様に氷浴で冷却しつつ，アセトアニリドの溶液に少しずつ滴下する．このとき反応熱により液温が上昇するが，十分に攪拌しながら滴下を行い，あまり温度が上がらないように注意すること．

混酸の滴下が終わったらビーカーを氷浴から取り出し，溶液を試験管に移してから 30℃程度の恒温槽で 10 分間加温する．別途純水 10 mL を入れたビーカーを冷却しておき，この中に反応溶液を注ぎ込む．十分に沈殿を生成させるため，ときどきかき混ぜながら 5 分間程度おく．

よく水をきった吸引びんとブフナーロートを用いて吸引ろ過を行い，沈殿を集める．ろ液(母液)をビーカーに戻して中をろ液で洗い，もう一度吸引ろ過を行う．ここでの黄色のろ液はコニカルビーカーに移して氷浴で冷却しておく．次にブフナーロート上のうす黄色の結晶を約 10 mL の純水で 4 回洗浄し，再度吸引ろ過する．得られた結晶をろ紙にはさんで乾燥させ，秤量および融点測定を行う．

コニカルビーカー中の溶液から沈殿する結晶は *o*-ニトロアセトアニリドである．黄色の針状晶であるが，少量しか得られない．吸引ろ過を行った後，ごく少量を用いて融点を測定する．

表1. アセトアニリドとそのニトロ化物の融点と水への溶解性

化合物	融点(℃)	水への溶解性
アセトアニリド	115	微溶
p–ニトロアセトアニリド	214 ～ 216	不溶
o–ニトロアセトアニリド	93	微溶～溶
m–ニトロアセトアニリド	154 ～ 156	溶

[注意点]

濃硫酸を扱う際は手袋を必ず着用すること.

研究問題

問1 アニリン 2 mL を用いて(1)アセチル化, (2)ニトロ化の反応を行うとき, 最低限必要な無水酢酸と濃硝酸の量はそれぞれ何 mL か. また, 各反応により生成するアセトアニリドおよびニトロアセトアニリドの理論収量を計算せよ. アニリン, 無水酢酸の密度(g/mL)はそれぞれ 1.02, 1.08 であり, 濃硝酸の濃度は 14 mol/L とする.

問2 [実験 1]において, 無水酢酸の代わりに酢酸を用いるとどのような反応が起こるか.

問3 [実験 2]において, 次の問いに答えよ.

(1) 混酸中の濃硫酸の働きについて説明せよ.

(2) 混酸を滴下するとき, 液温が高くなりすぎるとどのようなことが起こると考えられるか.

(3) *o*–ニトロアセトアニリドの収量が少ないのはなぜか.

■ 参考文献

・有機化学の参考書：例えば「ウォーレン有機化学　第2版」J. Clayden, N. Greeves, S. Warren 著, 東京化学同人など.

11. メチルオレンジの合成

〈平均終了時間－3時間〉

アゾ染料は分子内にアゾ結合(－N＝N－)を有しており，芳香族アミンのジアゾ化によって生じるジアゾニウム塩を，通常，フェノールまたは芳香族アミンとカップリングさせて合成する(求電子置換反応)．本実験では，アゾ染料の1つでpH指示薬として用いられるメチルオレンジ(Sodium 4′-dimethylamino-1,1′-azobenzene-4-sulfonate)の合成を行う．反応式を次に示す．

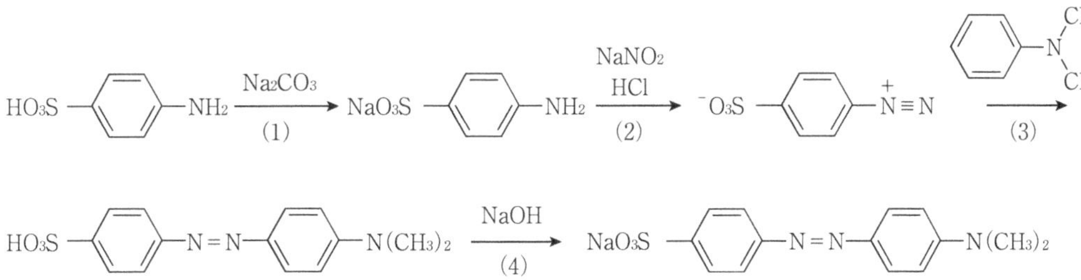

$$HO_3S-C_6H_4-NH_2 \xrightarrow[(1)]{Na_2CO_3} NaO_3S-C_6H_4-NH_2 \xrightarrow[(2)]{NaNO_2,\ HCl} {}^{-}O_3S-C_6H_4-\overset{+}{N}\equiv N \xrightarrow[(3)]{C_6H_5N(CH_3)_2}$$

$$HO_3S-C_6H_4-N=N-C_6H_4-N(CH_3)_2 \xrightarrow[(4)]{NaOH} NaO_3S-C_6H_4-N=N-C_6H_4-N(CH_3)_2$$

図1．メチルオレンジの合成

まず，(1)スルファニル酸を炭酸ナトリウム水溶液に溶解させ，続いて(2)酸性条件下，亜硝酸ナトリウムと反応させることでジアゾニウム塩を得る．次に，(3)ジメチルアニリンを加えてジアゾカップリング反応を行い，最後に(4)水酸化ナトリウム水溶液による中和を行い，塩化ナトリウムを加えて塩析させて，メチルオレンジの結晶を得る．次の段階では，粗製メチルオレンジを水に溶解させて温め，熱時ろ過により不溶物を除去してから冷却し再結晶を行う．また，再結晶で得られた精製メチルオレンジを用いて定性実験も行う．

実験操作

器具・装置　ビーカー(100 mL，50 mL)，メスシリンダー(20 mL，100 mL)，吸引びん，ブフナーロート，ポンプ，温度計，水浴，コニカルビーカー，ロート，ガラス棒，オートビュレット，電子天秤

試薬　スルファニル酸，炭酸ナトリウム，亜硝酸ナトリウム，6 M HCl，ジメチルアニリン，酢酸，6 M NaOH，塩化ナトリウム，亜二チオン酸ナトリウム

[実験 1] スルファニル酸のジアゾ化

50 mLビーカーに4%炭酸ナトリウム溶液15 mLを調製する．電子天秤でスルファニル酸

1.0 g を秤取し，100 mL ビーカーにとる．これに，先に調製した炭酸ナトリウム溶液 10 mL を加え，湯浴上で温めて溶解させる．完全に溶解しないときは，さらに 2 ～ 3 mL の 4%炭酸ナトリウム溶液を加えてみる．

水冷後，4% 亜硝酸ナトリウム水溶液 10 mL を調製して上の溶液に加える．ビーカーを氷浴中に入れ，溶液を 3 ～ 5℃に冷却する(溶液に直接温度計を入れて確認する)．次に，氷浴中で冷やしながら 3 mL の 6 M HCl をピペットで 1 滴ずつ，よくかき混ぜながら加える．液温が 5℃を越えないように注意する．途中でジアゾニウム塩が析出する場合があるが，さしつかえない．滴下終了後，ビーカーを氷浴から取り出し，すみやかに次のカップリングに移る．

[実験 2] カップリング

0.8 mL のジメチルアニリンを試験管にとり，0.5 mL の酢酸を加え，よく振って混合し，すみやかに[実験 1]で調製したジアゾニウム塩溶液に加える．しばらくかき混ぜると，濃赤褐色の固体が析出する．ときどきかき混ぜながらさらに 5 ～ 10 分間放置するとペースト状になってくる．

カップリング混合物に 6 M NaOH を 4 mL 加えてアルカリ性にすると，混合物の色は黄橙色に変わり，メチルオレンジが生成する．2 g の塩化ナトリウムを加えて塩析し，吸引ろ過して結晶を集める．この水分を含んだ結晶をビーカーにとり，電子天秤で秤量する．

メチルオレンジの精製は再結晶により行う．結晶 1 g に対して 10 mL の純水を加え，加熱して溶解させる．バーナーの火を弱くして溶液を保温する．ここで自然ろ過をすると，ろ過している間に冷えて結晶がろ紙上に析出してしまうため，熱時ろ過を行う．図 2 に示すように，コニカルビーカーに約 20 mL の水道水を入れて加熱し，時計皿で蓋をし，水蒸気でロート，ひだつきろ紙(図 3 参照)などをよく温める．十分に温まったら，メチルオレンジの溶液を数回に分けてろ紙上に注ぐ．ろ過している間は，バーナーの火で軽く加熱し続ける．

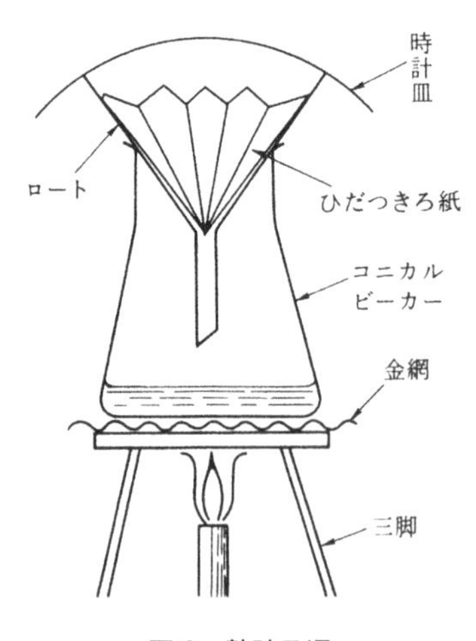

図 2. 熱時ろ過

コニカルビーカーのろ液をしばらく放冷したのち水道水で冷却し，次に氷浴中で冷やすと，黄橙色に光ったうろこ状の結晶が析出してくる．氷浴中で十分冷やしたのち，吸引ろ過する．よく吸引して水分を除く．

合成したメチルオレンジを電子天秤で秤量し，収量を求める．精製メチルオレンジ 0.5 ～ 1.0 g を得ることができる．

[実験 3] メチルオレンジを用いた定性実験

(1) ごく少量のメチルオレンジを試験管にとって水に溶かし，希塩酸数滴を加える．次に，その約半量を別の試験管にとり，希水酸化ナトリウム溶液でアルカリ性にして色の変化を見る．

また，それぞれの溶液の pH を，pH 試験紙を用いて調べる．

(2) ごく少量のメチルオレンジを水に溶かし，少量の亜二チオン酸ナトリウムを加える．変化がなかったら，加温して色の変化を見る．

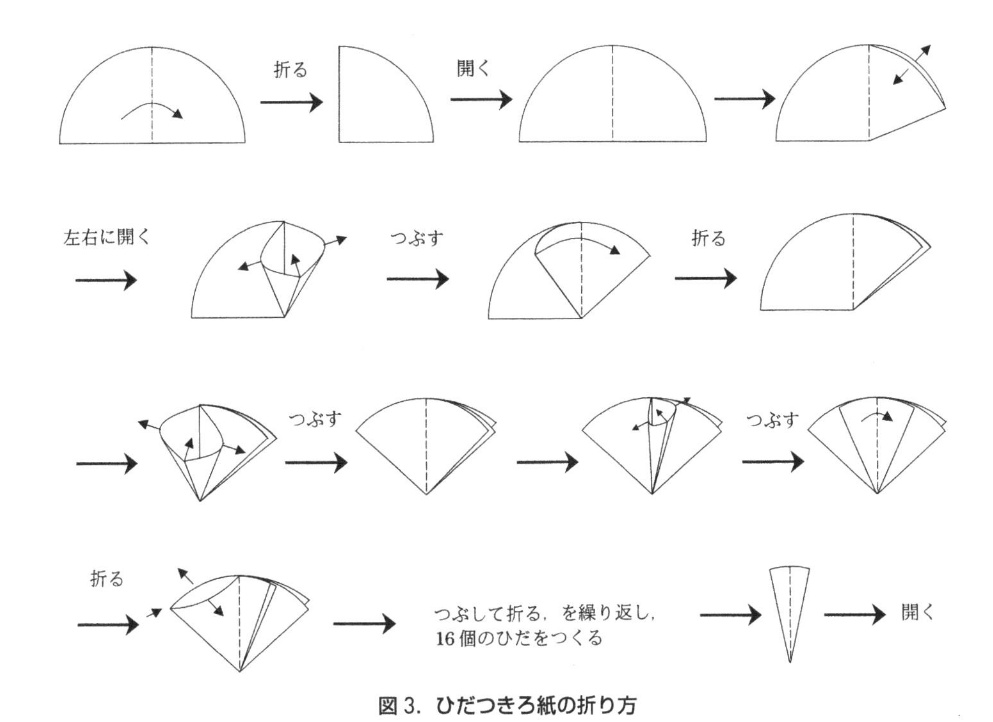

図3．ひだつきろ紙の折り方

研究問題

問1 1.0 g のスルファニル酸を出発原料としてメチルオレンジを合成するとき，必要な各試薬の理論量を求めよ．

(1) 炭酸ナトリウムの質量，物質量，4％炭酸ナトリウム溶液の体積

(2) 亜硝酸ナトリウムの質量および物質量

(3) ジメチルアニリンの質量および物質量

(4) 6 M HCl の必要量

(5) メチルオレンジの理論収量

問2 得られたメチルオレンジの収量と理論収量から収率を求めよ．

問3 [実験 1]で氷冷しながら 6 M HCl を加えるのはなぜか．

問4 [実験 3]で起こった変化を反応式で示せ．

問5 オレンジ II は右図に示す構造をもつ．スルファニル酸をジアゾ化したものとカップリングさせる物質は何か，物質名と構造式を示せ．

12. フラボノイドの化学

〈平均終了時間－3時間〉

天然物質の中にフェニルクロマン($C_6-C_3-C_6$)骨格を有するものがあり，これらをフラボノイドと称する．フラボノイドは，ポリフェノールとして抗酸化作用を有しているほか，さまざまな生理作用をもつ誘導体が知られており，毛細管壁の抵抗力を高め透過性を低下させる作用をもつものもある．

ビタミンCの発見者であるSzent-Györgyi(セント＝ジェルジ)は，レモン汁，パプリカ中にビタミンCに伴う第2の因子が存在することを，1936年に発見した．この因子が欠乏することにより血液の透過に対する毛細血管の抵抗性の低下(紫斑病)や血漿タンパク質に対する透過性増加(敗血病)などが起こることが認められた．そこでこの因子は透過性(permeability)ビタミンとしてビタミンPと名づけられた[注1]．この作用物質はヘスペリジン($C_{28}H_{34}O_{15}$)であると考えられている．

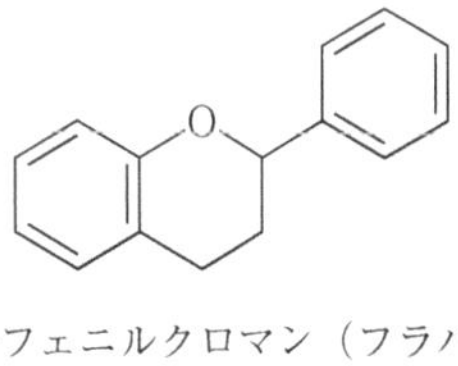

2-フェニルクロマン（フラバン）

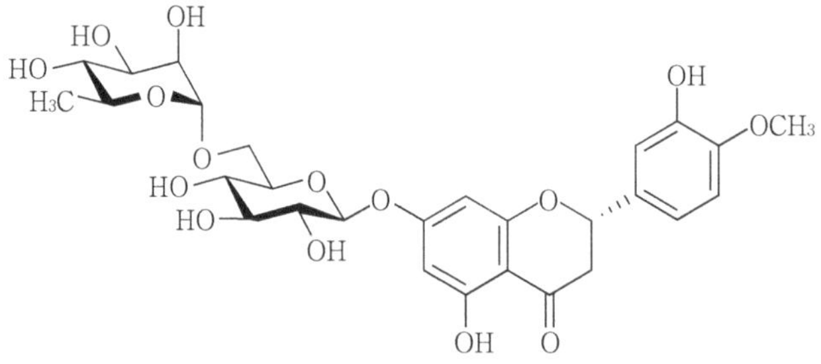

ヘスペリジン

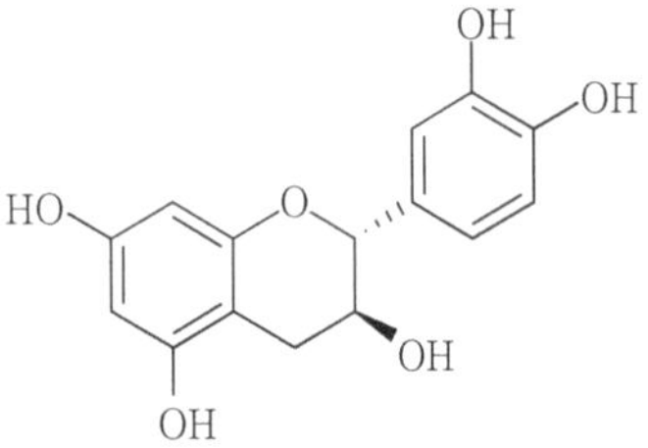

カテキン 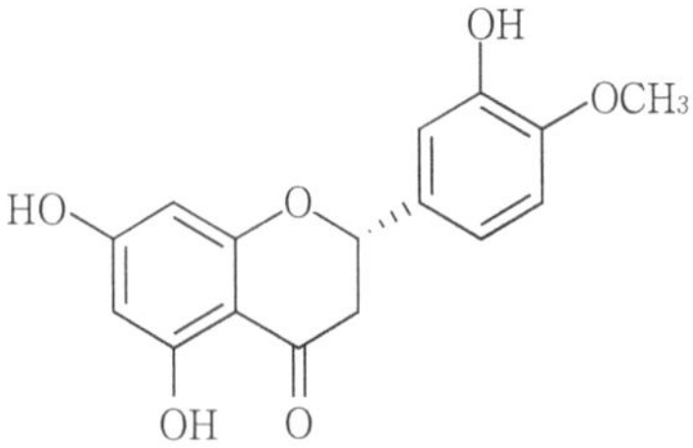　　ヘスペレチン 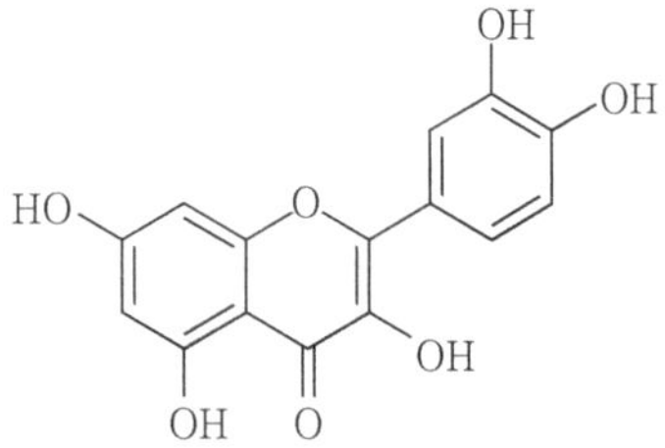　　ケルセチン

上記の化学構造からわかるとおり，一般的にフラボノイドはフェノール性水酸基を多数有して

(注1) これは単一物質の効果ではないことが証明され，学術的にはビタミン類には数えられていないが，ビタミンCとの併用で薬理効果が現れることが確かめられている．

おり，これに起因する化学的性質を示す．本実験では，みかんやレモンに多く含まれているヘスペリジンを含むフラボノイドを，フェノール性水酸基の性質を利用して抽出し，いくつかの定性実験を行う．

実験操作

器具・装置　CO_2 発生器(100 mL 三角フラスコ，ゴム管，ガラス管，ゴム栓で構成)，ブフナーロート，吸引びん，ビーカー(300 mL)，遠心分離器，遠心管，試験管

試薬　6 M NaOH，6 M HCl，20％エタノール水溶液，ドライアイス，濃塩酸，金属マグネシウム箔，3％ $FeCl_3$ 溶液，6 M 酢酸，1-ナフトール，1 M Na_2CO_3，1 M $NaHCO_3$，アセト酢酸エチル，4％臭素水

[実験 1] フラボノイドの抽出と定性反応

みかんの皮 1 ～ 2 個分を細かくちぎり，300 mL ビーカーに入れる．3 M NaOH を 10 mL と 20％エタノール水溶液 50 mL を加え，1 時間浸漬する．これを吸引ろ過し，ろ液に CO_2 ガス(CO_2 発生器に適量のドライアイスを入れて発生させる)を 1 時間吹き込む[注2]．溶液の色の変化に注意しながら観察する．析出したフラボノイドを含む溶液を 2 本の遠心管に等量入れ，遠心分離器により沈殿を分離する．沈殿だけが残るように上澄みを別容器に移し(この操作をデカンテーションという)，得られた沈殿を約 3 等分して次の実験を行う．

(1) 少量の沈殿にエタノール約 1 mL と濃塩酸約 1 mL を加え，マグネシウム箔 3 個を加えて発色を見る．

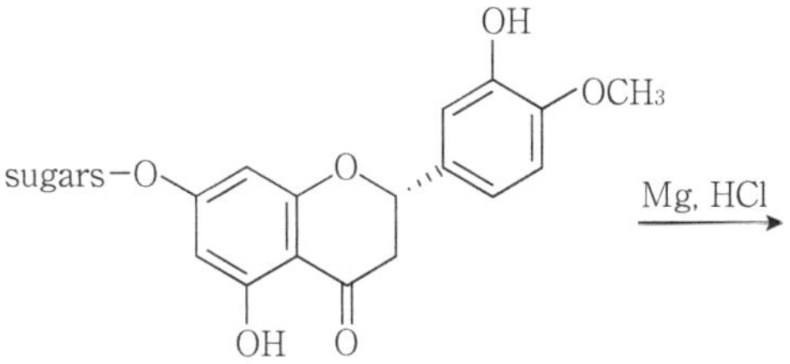

sugars−O, OH, OH, O, OCH3, Mg, HCl

(2) 沈殿を数 mL の水に加えて加熱溶解する．冷却後，$FeCl_3$ 溶液を 1 ～ 2 滴加え，呈色を観察する．

(3) 沈殿に 6 M NaOH 溶液を 1 ～ 2 mL 加えて溶解させ，約 1 分間加熱する．冷却後，酢酸酸性にして（pH 試験紙で液性を確認すること）$FeCl_3$ 溶液を加え，呈色を観察する．

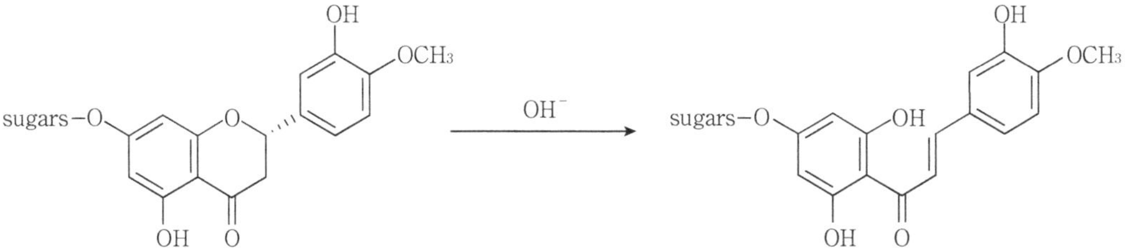

sugars−O, OH, OH, O, OCH3 → OH^- → sugars−O, OH, OH, OH, O, OCH3

(注 2)　[実験 1]でろ液に CO_2 を吹き込んでいる間に[実験 2]を行うとよい．

[実験 2] フェノール性 OH 基の性質

(1) 1–ナフトールを 4 本の試験管にスパチュラ 1 杯ずつ入れる．おのおのの試験管に純水，1 M $NaHCO_3$，1 M Na_2CO_3，1 M NaOH を各 5 mL を加え，加熱し，熱時および冷却後の溶解性を比較する．さらに，それぞれに 6 M HCl を加えて酸性にした時の変化を観察する．

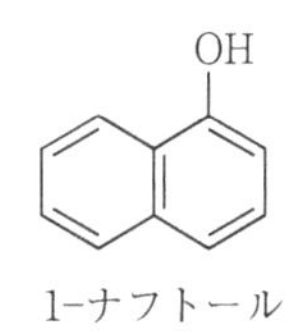

1–ナフトール

(2) 試験管に 1–ナフトール約 5 mg(スパチュラの 1/2 程度)をとり，純水 10 mL を加えて加熱溶解する．この約半量を別の試験管に分け取る．

① 一方の 1–ナフトール水溶液に $FeCl_3$ 溶液を 1 ～ 2 滴加えて，色の変化を観察する．

② 他方の水溶液に 6 M NaOH を 1 滴加えたのち，6 M 酢酸を 3 ～ 4 滴加えて弱酸性とし，$FeCl_3$ 溶液を 1 ～ 2 滴加えて色の変化を観察する．

(3) アセト酢酸エチル 1 ～ 2 滴を試験管にとり，純水 10 mL を加えよく振り混ぜる．この液に $FeCl_3$ 溶液を 2 ～ 3 滴加えて色の変化を見る．さらにこの溶液に 4％臭素水を 10 滴加え，時間とともに溶液の色がどのように変化するかを観察する．

O O OEt H H pK_a 11 ⇌ OH O OEt $\xrightarrow{2Br_2}$ O O OEt Br Br + 2HBr

(4) 1–ナフトール(スパチュラ 1/2 程度)を試験管にとり，純水を 2 mL 加え，さらに 6 M NaOH を 1 滴加え，加熱溶解する．CO_2 を通気させて沈殿の生成を観察し，最後に加熱して沈殿の変化を見る．

研究問題

問 1 [実験 1]で行ったヘスペリジンの抽出実験において，アルカリ溶液で浸漬後，ヘスペリジン含有溶液に CO_2 ガスを通じることにより起こる現象を考察せよ．なお，ヘスペリジンの酸解離定数は $pK_a = 7.15$ である．

問 2 [実験 1] (1) ～ (3) で行ったヘスペリジンの呈色反応の結果を記し，考察せよ．

問 3 [実験 2] (1) (4) で行った 1–ナフトールの溶解性の結果を記せ．この溶解性はどのように説明されるか．1–ナフトールの $pK_a = 9.3$ (25℃) として考えよ．

問 4 [実験 2] (2) (3) で行った 1–ナフトール，アセト酢酸エチルの呈色反応の結果を記せ．

13. 糖類の化学

〈平均終了時間－3時間〉

糖類(Carbohydrate)は，カルボニル基(アルデヒド基あるいはケトン基)を分子内にもつ多価アルコール類の総称であり，分子量100程度の化合物から100万程度の高分子化合物まで多岐にわたっている．糖類はおおまかに単糖類，少糖類(オリゴ糖)，多糖類に分類される．

単糖類は最も簡単な構造をもつ糖類であり，ブドウ糖(D−グルコース)，果糖(D−フルクトース)，ガラクトースなどがこれに含まれる(注1)．結晶におけるこれらの分子構造は環状ヘミアセタールであるが，水溶液中では開環した鎖状構造も部分的に存在する．ヘミアセタールとは，アルデヒドやケトンのカルボニル基が1つのアルコールと反応して生じる(求核付加，つづく脱水反応による)化学構造 $R^1CH(OH)OR^2$ を指す．図1に示したブドウ糖では，α型の環状構造は開環して直鎖状構造となり，さらにこれを通してβ型環状構造となり，これらの三者の間に平衡が成り立っている．

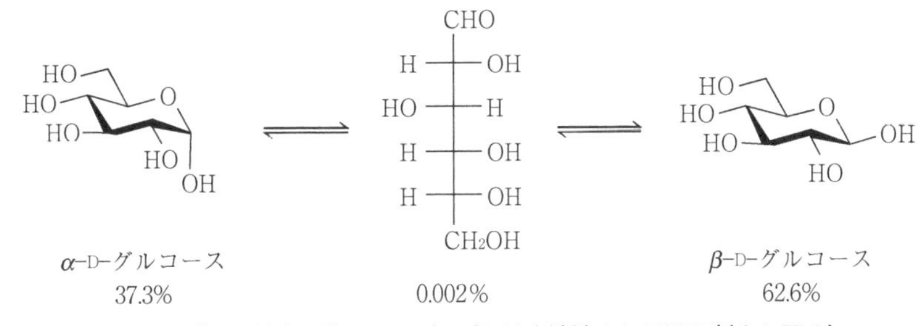

図1．ブドウ糖(D−グルコース)（%は水溶液中における割合を示す）

単糖類は，化学的にいうとポリヒドロキシアルデヒド(アルドース)またはポリヒドロキシケトン(ケトース)である．アルデヒドは酸化されやすいため，他の分子に対し還元性を示す．そのためフェーリング液中の Cu^{2+} が還元され，赤褐色の酸化銅(I)が沈殿する(フェーリング反応)．

$$R-CHO+2Cu^{2+}+4OH^- \longrightarrow R-CO_2H+Cu_2O\downarrow+2H_2O$$

この性質は，鎖状構造におけるアルデヒド基の存在によるものである．果糖などのケトースも，強アルカリ条件下では異性化などの反応を経てアルデヒドを生じうるので還元性を示す．

糖類は分子内にいくつかの不斉炭素を有しており，このため直線偏光の偏光面を回転する性質(旋光性)を示す(付録4参照)．図1のブドウ糖の環状構造では，環骨格を形成する5つの全て

(注1) ここで例にあげたものは六炭糖(炭素数6の糖，図2)のみであるが，五炭糖や四炭糖なども存在する．

の炭素原子が不斉炭素原子である．

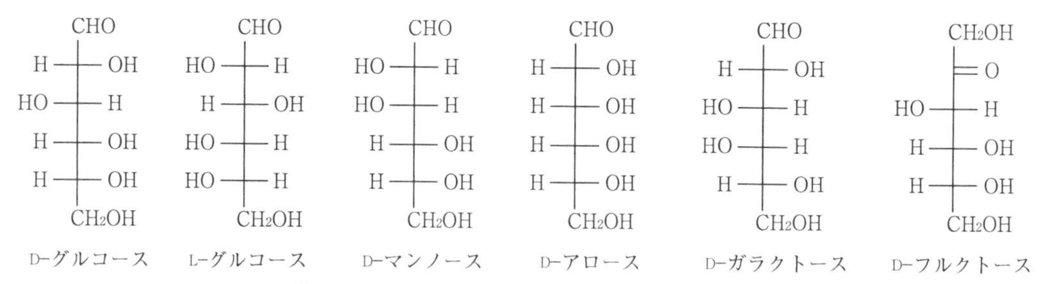

図 2．様々な立体化学を有する六炭糖（フィッシャー投影式[注2]）

少糖類（オリゴ糖）や多糖類は，単糖類が脱水縮合してできた糖である．少糖類は単糖単位 2 〜 10 個程度からなり，そのうち単糖類 2 分子が脱水縮合した糖は二糖類とよばれ，ショ糖（スクロース），乳糖（ラクトース），麦芽糖（マルトース）などが含まれる．二糖類には大まかに分けて次の 2 種類のものがある（図 3）．すなわち (a) 一方の単糖分子のヘミアセタール部位と他方の分子中の還元性を示さない水酸基との間で脱水縮合して結合した場合と，(b) 2 つの単糖分子のヘミアセタール部位どうしが脱水縮合して結合した場合である．(a) の二糖類は，脱水縮合後もヘミアセタール構造をもち，還元性を示す．乳糖，麦芽糖はこれに属する．(b) の二糖類は，ヘミアセタール構造をもたず，非還元二糖とよばれる．ショ糖がこれに属する．

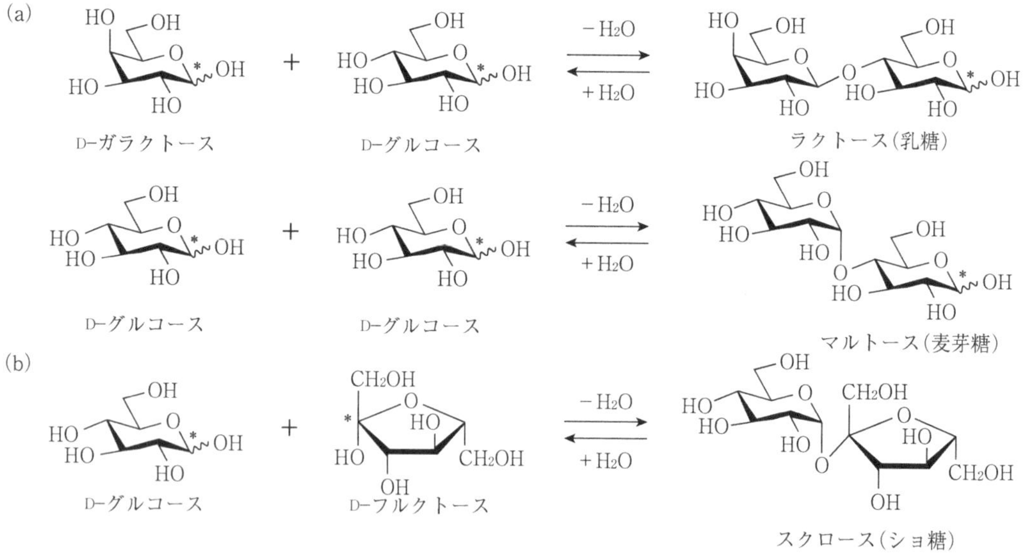

図 3．二糖の脱水縮合（*はヘミアセタール炭素を表す）

多糖類は，少糖類より多い単糖単位を含む高分子化合物であり，デンプン，セルロース（図 4）などがこれに含まれる．デンプンは α 型環状構造のブドウ糖分子が脱水縮合したもので，分子量は数千から 100 万程度のものまである．デンプンは冷水には溶けないが，熱湯には溶けてのり状のコロイド溶液となる．この溶液にヨウ素液を加えると青紫色を呈する（ヨウ素デンプン反

(注 2) フィッシャー投影式では分子の軸を垂直にとり，水素と水酸基を軸の左右に書く．アルデヒドもしくはケトンから最も遠い不斉炭素原子につく水酸基を D 系列では右側，L 系列では左側に書く．

応)．セルロースはβ型環状構造のブドウ糖分子が2,000～3,000個直鎖状に脱水縮合したものであり，熱湯にも溶けない．少糖類や多糖類は，酸触媒により加水分解されると構成単位の単糖類を生じる．

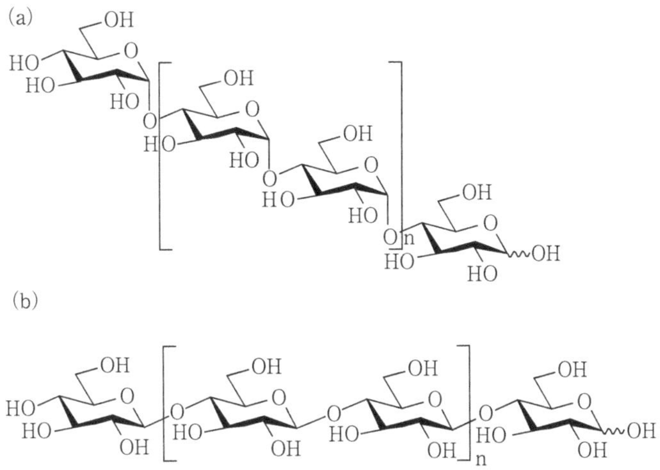

図4. デンプン(a)とセルロース(b)の結合様式の違い

本実験では，上記の事項に関連して単糖類，二糖類および多糖類について次の実験を行う．

(1) 数種の単糖類および二糖類についてフェーリング試験を行い，ヘミアセタール構造の有無を調べる．

(2) ショ糖およびデンプンについて酸触媒による加水分解を行い，これらの糖が単糖類の分子間脱水縮合により生成していることを理解する．また，ショ糖については加水分解の前後において，その旋光度が変化することを偏光計を用いて調べる．

実験操作

器具・装置　メスシリンダー，ビーカー(100 mL，50 mL)，試験管，水浴，ガスバーナー，電子天秤，偏光計，旋光度測定用セル，恒温槽，方眼紙(各自で持参)

試薬　ブドウ糖，果糖，乳糖，麦芽糖，ショ糖，1.5％デンプン水溶液，ヨウ素溶液，6 M HCl，6 M NaOH，0.14 M $CuSO_4$，酒石酸ナトリウムカリウム，リトマス紙

[実験1] フェーリング試験

まず偏光計の電源を入れ，ナトリウムランプを点灯する．

(1) フェーリング試薬の調製

A液：0.14 M $CuSO_4$水溶液5 mLをメスシリンダーで計量し，50 mLビーカーにとる．

B液：6 M NaOH水溶液1 mLと飽和酒石酸ナトリウムカリウム水溶液1 mLを20 mLメスシリンダーにとり，純水を加えて全量を5 mLとする．50 mLビーカーに移し，十分かき混ぜる．

フェーリング試薬として使用する際には，等量のA液とB液を混合後，ただちに使用する．混合液を長時間放置すると変質するので，使用する際必要量だけ混合する．

(2) 試料溶液の調製

ブドウ糖，果糖，乳糖，麦芽糖，ショ糖それぞれ約10 mg(薬さじの小さい方で軽く2杯)を

試験管にとる．各試験管に水を約 4 mL 加えて，振り混ぜながら溶解する．

(3) フェーリング試験

試験管に約 1 mL のフェーリング試薬をとり，おだやかに加熱したのち，上で調製したブドウ糖水溶液を 2 ～ 3 滴加え，さらに加熱する．このときの変化を観察する．他の糖の水溶液についてもそれぞれ同様な実験を行う．

[実験 2] ショ糖の加水分解

(1) 旋光度の測定

ショ糖 5.0 g を正確に秤量し 100 mL ビーカーにとる．純水を加え，よくかき混ぜながら溶かす．100 mL メスシリンダーに移して全量を 50 mL とし，10 wt% (溶質の質量(g) ／100 mL の溶液) 水溶液を調製する．このうち 15 mL をとり，純水 6.4 mL を加え中性溶液を調製する．少量の中性溶液で旋光度測定用のセルを 2 回共洗いしたのち，セルに中性溶液を満たして旋光度の測定を行う (付録 5 参照)．このときの旋光度は 10° 前後である．この中性溶液は後の測定でも使用するため捨てずにとっておく．次に，残った 35 mL の 10 wt% ショ糖水溶液に 6 M HCl 15 mL を加えて 50 mL とし，よくかき混ぜて酸性溶液を調製する．この時刻を $t = 0$ 分とする．もう 1 本のセルを酸性溶液で 2 回共洗いしたのち，酸性溶液を入れる．この酸性溶液と先に用意しておいた中性溶液のそれぞれについて旋光度を $t = 10$ 分，15 分，20 分，25 分，35 分に測定する (両方の溶液を同時に測定することはできないので，適宜 $t = 0$ の時刻をずらす)．測定時間と温度を記録する．

残りの酸性ショ糖水溶液全量を試験管 2 本に分ける．これを 50 ～ 60℃の恒温槽中で 20 分程度加熱したのち，溶液を水冷し，旋光度の測定を行う ($t = \infty$)．このとき温度を高くしすぎると褐色になるので注意すること．

(2) フェーリング試験

［実験 1］(3) の手順に従って $t = \infty$ 溶液のフェーリング試験を行う．ただし，フェーリング反応は，酸性溶液中では起こらないので，6 M NaOH を加えてアルカリ性にする (リトマス紙を用いて液性を確認すること)．

[実験 3] デンプンの加水分解

1.5% デンプン水溶液 5 mL を試験管に取り，3 mL の 6 M HCl を加えてかき混ぜる．このうち 2 mL を別の試験管に取り分け，残りを 80℃のヒーティングブロックで加熱する．15 分加熱後に 2 mL を取り分け，残りはさらに 15 分加熱する．こうして得られた加熱前，15 分加熱，30 分加熱の溶液をそれぞれ 2 つに分ける．一方にはヨウ素溶液を加え，呈色反応を観察する．他方には 6 M NaOH を加えアルカリ性にしたのち，1 mL のフェーリング試薬に滴下しながらおだやかに加熱して色の変化を観察する．

研究問題

問 1 ブドウ糖，ショ糖およびデンプンをおのおの判別する方法を記せ．

問 2 ショ糖 7.0 g を含む 1 M 塩酸酸性溶液 100 mL の旋光度は時間とともにどのように変化していくかを考察せよ．ただし，ショ糖，ブドウ糖 (D-グルコース)，果糖 (D-フルクトース) の比旋光度 $[\alpha]_{\mathrm{D}}^{20}$ は各々 66°，52°，－92° であるとする (付録 5 参照)．

14. コンピュータを用いる分子モデリング

〈平均終了時間－2時間10分〉

分子の安定構造，エネルギー，電荷，双極子モーメントなどの物理化学的性質をコンピュータによって求める理論化学計算が，近年のコンピュータ性能の向上に伴って広く行われるようになってきている．理論化学計算は，古典力学の理論を分子に適用する分子力場計算と，量子力学を用いて電子の軌道を取り扱う量子化学計算に分けられる．

本実験では分子モデリングソフト Spartan Student Edition®(以下 Spartan)を用いて分子の3次元モデリングを行い，あわせて量子化学計算による分子軌道や分子振動の概念について学ぶ．

(1) 電子の挙動：量子力学の考え方

原子は正の電荷をもつ原子核と負の電荷をもつ電子から構成されており，電子は原子核の周りをある軌道に沿って運動する，という描像が量子力学の黎明期に提案された(Bohr の原子モデル)．その後，電子は粒子であると同時に波の性質ももつ，という物質波の理論が提唱された．これを受けて，E. Schrödinger は電子の波の性質に着目し，電子の運動を記述する方程式を導いた．

1次元で振動する質点(原点からの座標 x にあり，力 $F = -kx$ を受ける)を考える．古典力学における Newton の運動方程式は，

$$m\frac{d^2x}{dt^2} = -kx$$

となり，このとき全エネルギー(運動エネルギー＋位置エネルギー)は

$$\frac{1}{2m}p_x{}^2 + \frac{1}{2}kx^2 = E$$

である．座標 x と運動量 p_x の関数として表した左辺を古典力学におけるハミルトン関数とよぶ．これを，1次元で運動する1個の電子に置き換えたとき，電子の状態(分布と置き換えても良い)をある関数 ψ(ギリシャ文字のプサイ)として表現した次の方程式

$$\left(-\frac{\hbar^2}{2m}\frac{d^2}{dx^2} + \frac{1}{2}kx^2\right)\psi(x) = E\psi(x) \quad \cdots\cdots (1)$$

が運動方程式の代わりに成り立つ．(　)内の第1項は運動エネルギー，第2項は位置エネルギーに対応するものである．これを Schrödinger の波動方程式とよぶ．(1)式の場合，E があるとびとびの値をとるときに解くことができる．このとき，E は電子のエネルギーを表す．

Schrödinger の波動方程式は，一般的には

$$H\psi = E\psi$$

という形をしている．左辺のHは古典力学のハミルトン関数に対応していることからハミルトン演算子(ハミルトニアン)とよばれる．この方程式は，「Hという場の作用を受ける電子の状態はψで表され，そのエネルギーはEである」と解釈することができる．方程式自体は固有方程式であり，エネルギーEが固有値，電子の状態ψ(原子内の電子の場合，原子軌道と呼ぶ)が固有関数となる．Schrödingerの波動方程式を解くことは，この固有方程式の解を求めることにほかならない．

Schrödingerの波動方程式は，電子が2つ以上ある場合には互いに運動する電子間の相互作用を考慮する必要があるため，厳密には解けない．そこで，1つの電子につき1つの状態ψを割り当てて，他の電子は着目する1つの電子に対して平均的な場を作る，といった近似が行われる．この代表的なものにHartree-Fock近似がある．さらに，複数の原子から構成される分子の場合，電子の分布とともに原子核の運動をも含めたSchrödingerの波動方程式をつくることができる．しかし，この方程式を原子核の運動を含めて正確に解くことはできない．そこで，電子に比べて動きの遅い原子核は静止していると考え(Born-Oppenheimer近似)，電子の挙動にのみ着目することで，波動方程式を近似的に解くことが可能になる．ここで求められる，分子中における電子の分布を分子軌道と称する．また，方程式を解いて分子の軌道を求めることを分子軌道計算とよぶ．

実際の分子軌道計算では，電子間の相互作用の計算が膨大になるため，計算量を減らすさまざまな工夫がなされている．特に，演算途中の電子間相互作用の値を経験的パラメータで置き換える半経験的分子軌道法は，古くから大きな分子へ適用されている．最近では，計算機性能の向上に伴って，経験的パラメータを計算に取り入れずに分子軌道関数を求める非経験的分子軌道法(*ab initio*法，ラテン語で「最初から」の意)もよく用いられるようになっている．Spartanでは，半経験的手法のほか，非経験的手法としてHartree-Fock法を利用できる．

以下，重要な用語について説明する．

(2) s軌道とp軌道/σ軌道とπ軌道

原子軌道は，内殻側から1s，2s，2p，3s，3p…となっている．これらの番号と記号は波動関数の量子数に従う．古典的原子モデルにおけるK殻，L殻…は，主量子数$n = 1, 2, \ldots$に対応する．s軌道は球対称，p軌道は方向性をもっている．分子軌道の場合は，s軌道やp軌道に対応するσ軌道，π軌道がある．

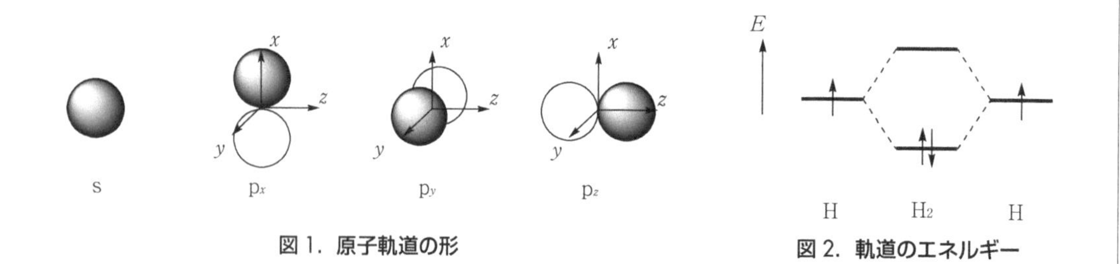

図1．原子軌道の形　　**図2．軌道のエネルギー**

(3) 結合性軌道/反結合性軌道

軌道に電子を配置する場合，例に示したように上向きおよび下向きの矢印で表す．矢印の向きの違いは「スピンの状態が異なる」ことを示す．1つの軌道に電子は2個まで入るが，スピンの状態は同じであってはいけないという規則(Pauliの原理)がある．

水素分子の場合，同じエネルギーをもつ2つの1s軌道どうしが相互作用して新しい2つのσ軌道ができる．安定な結合を生じる軌道を結合性軌道，エネルギーが高く不安定になる軌道を反結合性軌道という．電子はエネルギーの低い軌道から順に入っていくので，分子を形成することでエネルギーが安定となる．

(4) 原子核の挙動：分子振動と赤外吸収スペクトル

これまでの分子軌道の理論では，分子の中の原子核を静止(固定)していたが，もちろん実際には分子や原子(原子核)は動いている．分子中の原子は振動しており，これを分子振動とよぶ．分子振動の様子もSchrödingerの波動方程式を解くことによって求めることができるが，この際，(1)式のψは電子の運動の代わりに原子の運動を表す関数となる．

原子(原子核)の動きを考えるにあたり，まず自由度の概念を導入しよう．xyz座標で考えれば，孤立した1つの原子の場合，各xyzの3方向へ並進運動できるので自由度は3である．一方，N個の原子では自由度は$3N$になるが，分子の場合は原子が互いに束縛を受けるため，分子振動の自由度は$3N-6$となる(直線型分子では$3N-5$)．さらに適当な座標を選ぶことで，これら原子の動きを，一定の振動数をもつ基準振動とよばれる振動運動の組み合わせで表すことができる．例えば水素分子の場合，分子振動の自由度は1であり，これは結合の伸縮(伸び縮み)に対応している．また，水分子では自由度は3，二酸化炭素では4となる．

これら分子の振動のうち，分子の双極子モーメント(極性)を変化させるような振動は，電磁波と双極子の相互作用により特定の波長の光(電磁波)を吸収する．それらの中で赤外線の波長領域($2.5 \sim 15.0\ \mu$m)の光の吸収は，赤外吸収スペクトル測定により観測できる．また，量子化学計算を用いることによって，その振動の振動数を推算することもできる．

二酸化炭素や水分子は，赤外領域に分子の振動に基づく吸収や放出をもつ．このような赤外吸収・放出のある分子が大気中(対流圏)に増えるほど，対流圏におけるエネルギーの吸収・放出が増えて，いわゆる温室効果の原因になると考えられている．

実験操作

本実験は，機器測定室にあるパソコンを用いて行う．また，使用するアプリケーション(Spartan)の使い方については，マニュアルを参照すること．

[実験1] 窒素分子のモデリングと分子軌道

(1) 窒素分子をモデリングして，構造最適化を分子軌道計算(Hartree-Fock/3-21G, Neutral/Singlet)で行う．分子の全電子エネルギー，および結合の長さを調べる．

(2) Orbital出力およびSurface計算を行い，1番目から10番目までの軌道のエネルギー，および各軌道の形状について記録する(図3参照)．

(3) 電子を1つ減らした状態(Cation, Doublet)，および電子を1つ増やした状態(Anion, Doublet)の構造最適化計算を同様に行い，(1)とのエネルギー差，および結合の長さを調べる．

[実験2] 分子振動の振動数計算

二酸化炭素，水，およびメタン分子をモデリングする．各々の分子を分子軌道計算(Hartree-Fock/6-31G*)で構造最適化し，さらにIRオプション(IRはinfraredの略)を付けて分子の振動を計算する．振動数，および強度を記録し，アニメーションで振動運動の様子を観察する．

[実験 3] 芳香族分子の分子軌道

アニリン，ジメチルアニリン，ニトロベンゼンをモデリングする．それぞれ分子軌道計算(Hartree-Fock/3-21G)で構造最適化する．さらにSurface計算により最高占有分子軌道(HOMO)および最低非占有分子軌道(LUMO)の軌道を表示する．また，それぞれの軌道の分布を観察する．

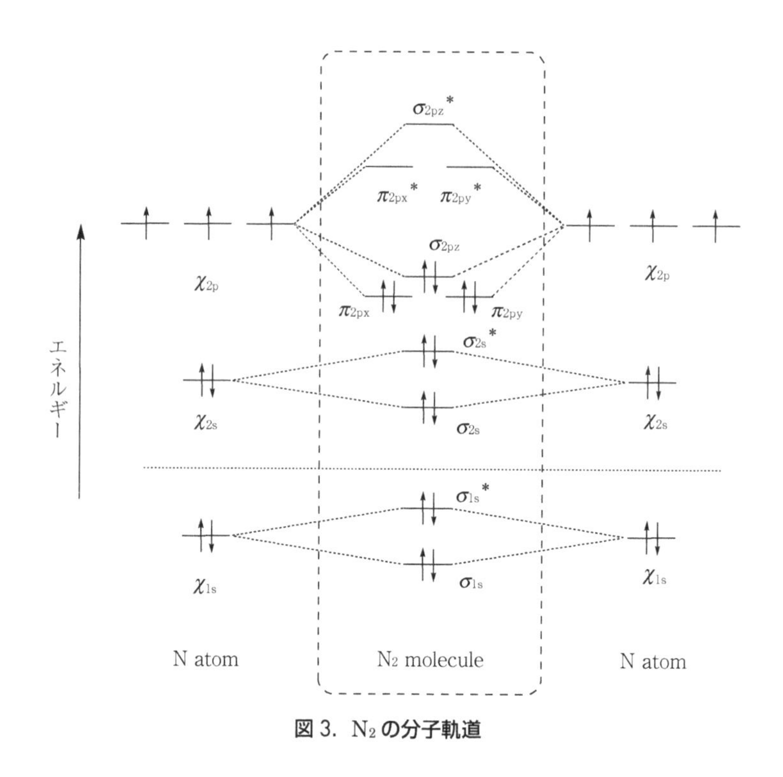

図 3. N_2 **の分子軌道**

研究問題

問 1　[実験 1]と同様の考察を水素分子について行ってみよ．

問 2　窒素分子のそれぞれの軌道にはどのような特徴があるか，座標軸を考慮して考察せよ．

問 3　理論計算による振動数の推算は，実際の測定値をどれくらい正確に再現できるか，取り扱いの簡単な化合物(安息香酸など)を用いて比較せよ．

問 4　HOMO, LUMOとは何か．各分子におけるこれらの軌道の広がりは何を意味するか．

■ 参考文献

・「理工系基礎化学」市村禎二郎ほか 著，講談社サイエンティフィク
・「アトキンス物理化学(上)(下)　第10版」P. Atkins, J. de Paula 著，東京化学同人

15. 吸収スペクトルと色

〈平均終了時間－2時間40分〉

物質に光が照射されると，その物質はある特定の波長の光を反射したり吸収したりする．例えば溶液が呈色するのは，そこに含まれている分子が可視光領域(380～780 nm)のうち，ある特定の波長の光を選択的に吸収するためである．横軸に光の波長，縦軸に光の吸収の度合い(吸光度)をとったものを吸収スペクトルという．光の吸収にともない，分子は基底状態から励起状態に遷移するが，これは分子内の電子がもともと占めていたあるエネルギー準位からより高い準位へ励起されることに対応する．したがって吸収される光の波長から，電子の遷移エネルギーが求められる．このエネルギーは分子の電子状態，さらには分子構造を反映することから，吸収スペクトルを測定することで分子の電子状態や分子構造を推測することが可能となる．

可視光領域に吸収帯をもつシアニン色素分子(図1)は分子内に1次元π共役構造を持ち，光の吸収により最高占有分子軌道(HOMO)から最低非占有分子軌道(LUMO)へ共役π電子が励起されることが知られている．HOMOからLUMOへの遷移エネルギーは共役構造の長さに依存するため，シアニン色素分子の種類によって吸収される光の波長が異なり，分子の色が変わってくる．本実験では，様々なシアニン色素分子の可視吸収スペクトルを測定し，分子の色，吸収波長，共役π電子の励起エネルギー，および共役構造の長さが互いにどのように関連しているのかを理解することを目的とする．また，分子軌道計算により，シアニン色素分子のπ共役構造をモデル化した分子の分子軌道を調べ，電子エネルギー準位と共役π軌道の形状との関係を明らかにする．

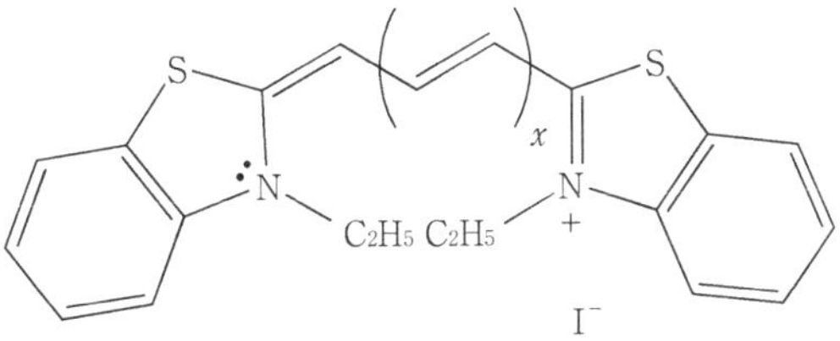

S N C_2H_5 C_2H_5 N + S x I^-

$x=0$; 3,3′-diethylthiacyanine iodide
$x=1$; 3,3′-diethylthiacarbocyanine iodide
$x=2$; 3,3′-diethylthiadicarbocyanine iodide
$x=3$; 3,3′-diethylthiatricarbocyanine iodide

図1．シアニン色素分子

1次元箱型ポテンシャル内の電子

1次元π共役系は，「1次元箱型ポテンシャル内の電子」模型が適用できる電子系であり，

Schrödinger 方程式を解くことで共役 π 電子エネルギー準位を近似的に求めることができる．図 2(a)のように，$0 < x < L$ でポテンシャルエネルギー $V(x)$ が零であり，$x = 0$ と L で無限大になるような空間を，質量 m_e の電子が 1 次元方向(この方向を x とする)に運動しているとする．このような空間では，電子は $x \leq 0$ と $L \leq x$ には存在できず $0 < x < L$ の領域のみに存在する．

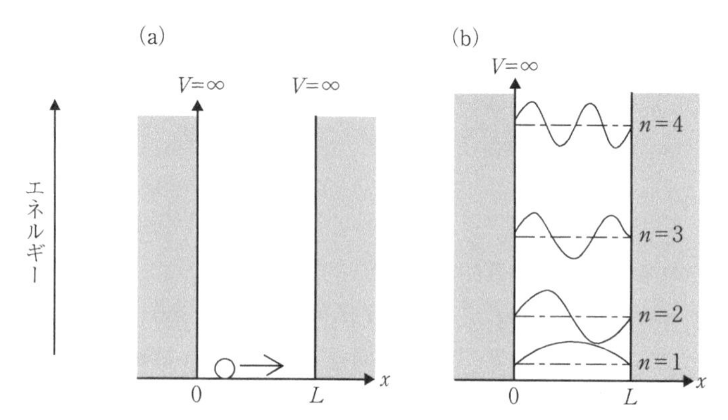

図 2．1 次元箱型ポテンシャル内の電子の波動関数

このようにポテンシャル箱の中を運動する電子の Schrödinger 方程式は

$$-\frac{\hbar^2}{2m_e}\frac{d^2}{dx^2}\psi(x) = E\psi(x) \quad \cdots\cdots (1)$$

と表せる．ここで，$\psi(x)$ は電子の運動を表す波動関数，$\hbar = h/2\pi$ (h はプランク定数)，E は電子のもつ全エネルギー(運動エネルギー＋ポテンシャルエネルギー)を表す．このようにエネルギーは固有値として得られる．この Schrödinger 方程式の一般解は

$$\psi(x) = A\mathrm{e}^{ikx} + B\mathrm{e}^{-ikx} \quad \cdots\cdots (2)$$

$$k = \left(\frac{2m_e E}{\hbar^2}\right)^{1/2} \quad \cdots\cdots (3)$$

で与えられる．(2)式の波動関数には境界条件「$x = 0, L$ において $\psi(x) = 0$」が課せられ，これを考慮してエネルギー固有値 E を求めると，量子数 n で条件づけられるとびとびな値

$$E_n = \frac{n^2h^2}{8m_eL^2}, \qquad n = 1, 2, 3, \ldots \quad \cdots\cdots (4)$$

が得られる．これはポテンシャル箱の中を運動する電子のエネルギーが量子化されることを意味する．

各エネルギー準位に対応する波動関数 $\psi(x)$ は図 2(b)のように求められる．ここで注目すべきことは，$n = 1$ では $x = 0$ および L 以外では電子を見いだす確率が有限であるが ($|\psi|^2$ が電子を見いだす確率となる)，$n \geqq 2$ では，$x = 0, L$ 以外に，例えば $x = L/2$ でも電子を見いだす確率が 0 となる，という点である．このような所は「節(node)」とよばれる．一般に，節の数が多いほどその軌道のエネルギーは高くなる傾向にある．

図 2 の 1 次元ポテンシャル箱の中で $2N$ 個の電子が運動しているとする．1 つのエネルギー準位には最大 2 個の電子が入ることができるため，HOMO は $n = N$ 番目，LUMO は $n = N + 1$ 番目となる．したがって，HOMO の電子を LUMO に励起するために必要なエネルギー ΔE は，(4)式より次式となる．

$$\Delta E = E_{N+1} - E_N = (2N+1)\frac{h^2}{8m_e L^2} \quad \cdots\cdots (5)$$

分光光度計(注1)を用いてシアニン色素を含む溶液の吸収スペクトルを測定すると，HOMOからLUMOへの共役π電子の遷移に対応する吸収ピークが可視光領域に観測される．このピーク波長の光のエネルギーを式(5)のΔEとみなすことができる(注2)．そこでΔEの値と(5)式から，シアニン色素分子のπ共役構造の長さLを求める．

実験操作

器具　分光光度計，吸収セル，セルホルダー，オートビュレット，20 mLメスシリンダー，試験管，試験管立て，洗浄びん，300 mLビーカー

試薬　シアニン染料($x = 0 \sim 3$)メタノール溶液，50%エタノール水溶液

[実験1] 吸収スペクトル測定

試料調製に入る前に分光光度計の電源をONにして暖機運転をしておくこと．

(1) 試料母液の希釈

測定する4種類のシアニン染料溶液の調製を行う．まず，オートビュレットで試料母液5.0 mLを試験管にとる．ここに，メスシリンダーではかり取った50%エタノール溶液15.0 mLを加え希釈する．溶液の混合は，乾いた試験管を1本用意し，2本の試験管の間で溶液を交互に3～4回程度，こぼさないように入れ替えることにより行う．この希釈したシアニン染料溶液を測定用試料溶液とする．

(2) 吸収セルへの試料溶液の充填

吸収セルは，セルの側面が擦りガラスと透明ガラスからなる．光は透明ガラスの面を透過するようになっているので，この面が皮脂などで汚れると正確な測定はできない．したがって，吸収セルをもつときは必ず擦りガラスの面をもつように気を付ける．

吸収セルは，100 mLビーカー内の50%エタノール溶液中に保存されている．吸収セルを取り出し，セル内のエタノールをビーカーに戻す(捨ててはいけない)．測定用試料溶液は，実際に用いる量(3～4 mL)に比べて多めに調製している．この余分な量は，セルの共洗い用である．共洗いは，2～3回行う．共洗いをした後の溶液は，廃液として回収する(300 mLビーカー等に一時貯めておく)．共洗い後，試料溶液を吸収セルの7～8割程度まで満たす．このとき，気泡が入らないように注意する．セルの外側の水滴をキムワイプで，軽く押しつけるようにして吸い取り(こするとセルのガラス面に傷が付く)，セルホルダーにセットする．このようにして，4種類の測定用試料溶液を吸収セルに入れ，セルホルダーにセットしておく．

最後に，対照試料として，50%エタノール溶液を満たした吸収セルを用意し，これもセルホルダーにセットする．

(3) 吸収スペクトルの測定

分光光度計の取り扱いと測定手順の詳細は，備え付けのマニュアルを参照すること．測定の手順は次のようになる．

(注1) 付録3「分光光度計」参照．
(注2) $\Delta E = h\nu = hc/\lambda$の関係がある．ここで，$c$は光速($3.0 \times 10^8$ m s^{-1})，νは振動数(s^{-1})，λは波長(m)を表す．

① ベースライン測定を行う(試料室には何も入れない状態にしておき，900 nm から 350 nm まで行う)．
② セルホルダーを，試料室内のセルホルダー皿にのせる．また，対照セルとして 50%エタノール溶液の入ったセルを対照セルホルダーにセットする．
③ 4 種類の測定試料の吸収スペクトルを測定する．ただし，各試料の測定直前に必ず波長 900 nm でオートゼロを行う．
④ 測定が終わったら，それぞれの吸収極大の波長と吸光度を読み取り，記録する．
⑤ 4 種類のスペクトルを重ねて表示させ，プリントアウトする．

測定終了後，吸収セル内の測定試料をはじめ溶液はすべて，設置してあるポリタンクに廃液として回収すること．また，吸収セルは純水で充分すすいだ後，再び 50%エタノール溶液に浸しておく．

[実験 2] 分子軌道計算

吸収スペクトルを測定したシアニン染料分子の π 共役系をモデル化した分子(図 3)の分子軌道計算を行う．使用アプリケーション(Spartan)の使い方については，マニュアルを参照すること．

図 3. モデル分子($x = 0 \sim 3$)

(1) $x = 0$ の分子の計算

Spartan を起動させ，New で Building メニューに入る．マニュアルを参照して，$x = 0$ 分子を作成し，計算する．計算が終了したら，Display-Output で計算結果を開く．分子軌道を表示させ，全ての「π 軌道」の形状をノートにスケッチする．また，各分子軌道のエネルギーを記録する．さらに，両端の N 原子間の分子骨格に沿った距離を調べる．

(2) $x = 1 \sim 3$ の分子の計算

同様に，分子軌道計算を $x = 1 \sim 3$ について行う．計算が終了したら，ここでは HOMO と LUMO(双方とも π 軌道になっている)のエネルギーを記録し，$x = 0$ と同様に両端の N 原子間の距離を調べる．

研究問題

問1 シアニン色素分子の吸収波長の光の色と，溶液の色の関係について論ぜよ．

問2 吸光度から，試料のモル吸光係数εを求めよ．ただし，光路長は 1.0 cm である．

問3 シアニン色素分子の可視光吸収は，HOMO から LUMO への電子励起によるものである．吸収ピークの波長から準位間のエネルギーを求めよ．さらに，π共役系を1次元箱型ポテンシャルで近似したとき，シアニン色素分子の最大吸収波長からπ共役系の長さを推測せよ．

問4 $x=0$のシアニン色素分子のモデル分子の分子軌道計算(AM1法)で得られたπ軌道準位のエネルギーと，電子雲の形(ローブ)や節の数の関係について考察せよ．

問5 分子軌道計算で得られたモデル分子の HOMO と LUMO のエネルギー差とπ共役系の長さの関係について考察せよ．

■ 参考文献

・「理工系基礎化学」市村禎二郎ほか著，講談社サイエンティフィク
・「アトキンス物理化学　第10版」P. Atkins, J. de Paula 著，東京化学同人
・「定量分析化学　改訂版」R. A. Day, Jr. ほか著，培風館
・「第5版　実験化学講座 9 分光 I」日本化学会編，丸善
・「色彩学の基礎」山中俊夫著，文化書房博文社
・「色彩科学—色素の色と化学構造」飛田満彦著，丸善
・「計算科学シリーズ分子軌道法」大澤英二編，講談社サイエンティフィク
・「入門　分子軌道法」藤永茂著，講談社サイエンティフィク
・「分子軌道法 MOPAC ガイドブック　3訂版」平野恒夫・田辺和俊編，海文堂出版

付録 1. 実験データの取り扱い

1 誤差

1.1 誤差の性質と分類

実験により得られた測定値は，その確からしさについて評価しておく必要がある．一般に測定値の確からしさは，(A)同じ量を複数回測定した際の測定値のばらつき(「精密さ」あるいは「精度」)，(B)真の値(真値)からの測定値の偏り具合(「正確さ」あるいは「正確度」，「確度」)，の2点から評価される(注1)．この2つを含めた測定値と真値の差を誤差という．誤差は測定者の不注意などによる過失誤差を除くと以下の2つに大別される．

(1) 系統誤差—測定機器の不完全さ，理論や近似の不適切さ，測定者の意図しない癖などに由来する．

(2) 偶然誤差—系統誤差を生む原因が一定に保たれている条件においても環境の揺らぎなどにより測定毎に必ず現れるばらつきで，以下の性質をもつ．(A)絶対値の小さい誤差ほど現れる頻度が高く，大きい誤差はほとんど現れない．(B)絶対値の等しい誤差は正負とも等しい頻度で現れる．

1.2 誤差の表記

現実には我々は真値を知ることができない．そこで，過失誤差と系統誤差をできるだけ取り除き，偶然誤差だけを含む測定値から求めた最も確からしい値(最確値)を求め，これを真値に代用することにより誤差を取り扱う(注2)．実験により得られた測定値は，最確値 $\bar{X}$，誤差 dX を用いて以下のように表現される．

$$\bar{X} \pm dX \quad \cdots\cdots (1)$$

これの意味するところは，まず第一に問題とする量に関する最良推定値が $\bar{X}$ であること，第二に最確値の推定が適切であれば，真値が $\bar{X} + dX$ と $\bar{X} - dX$ の間のどこかに高い確率で存在するということである．最確値 $\bar{X}$ は過失誤差や系統誤差を十分に取り除いた測定値の平均値であり，測定回数が多くなるほど真値へ近づいていく．

1.3 有効数字

有効数字の表記

実際の実験では複数回の測定ができず，誤差の大きさを明記することが難しい場合が多い．また，適切な条件下での実験では誤差の大きさは測定値自身と比べると十分に小さいことが普通である．このようなときは測定値の確からしさを有効数字という考え方で簡便に表すことができる．有効数字の表記のルールは以下のとおりである．

(注1) これらの用語は注意深く区別されなければならないが，用語の定義は分野によって統一されていないので注意を要する．

(注2) この場合，誤差ではなく残差と呼ぶ場合がある．このとき誤差は残差に最確値の誤差を加えたものとなる．

(1) 測定値あるいはそれより求めた数値のうち，誤差よりも十分に大きく信頼できる確実な数字の1つ下の桁に誤差を含む数字を加えて表す．誤差を含む数字とはアナログ測定機器では最小目盛の10分の1の位の値であり，デジタル機器では最小桁である(デジタル機器では最小桁の下の桁の不確定さから，最小桁には誤差が含まれていると考えられるため)．

例) 最小目盛0.1 cm^3のビュレットの読みは10.32 cm^3，許容誤差(公差)$\pm$ 0.02 cm^3のホールピペットではかり取った容積は10.00 cm^3，小数点1桁まで表示するデジタル温度計の読みは130.5℃のように表記する．

(2) 0以外の数字の最上位の桁から最下位の桁までの桁数を有効数字の桁数とする(ただし，最下位が0で終わる数字の場合，0も有効数字とみなすので注意する)．

例) 0.014 cm, 14 cmの有効数字は2桁だが, 14.00 cmや1040 cmの有効数字は4桁である．

(3) 誤差を含む数字が小数点以上の桁に存在する場合は有効数字をはっきり示すために指数を用いて数値を表す．

例) 14500では有効数字が3桁であることは表せない→ 1.45×10^4 とする．

(4) $\bar{X} \pm dX$ と誤差を明記した場合の誤差そのものの有効数字は通常1桁で表す．

例) 16.54 $\pm$ 0.05は良いが，16.54 $\pm$ 0.31とはならない．この場合は16.5 $\pm$ 0.3とする．

有効数字の計算

有効数字を用いた計算は，その結果の数値がもつ誤差が有効数字として正しく表されるように，以下のルールに従って行わなければならない．

(1) 複数の有効数字の位を揃えるときは揃える桁の直後の桁を四捨五入する．

例) 小数第1位で合わせるとき，24.32と1.16は24.3と1.2とする．

(2) πやeなどの数学定数，数式などの演算上現れる3倍や1/2などの線形操作を表す数字，イオンの個数のような確定された整数値は誤差を含まない確定値であるので，有効数字では表さない(あえて言えば有効数字の桁数は無限大とみなせる)．ただし，物理定数には誤差を含むもの(アボガドロ定数や電気素量など)が存在するので注意する．

(3) 加減算は，有効数字の最終桁が最も大きい位の数値を探し(下の例では215.2)，他の数値をその1つ下の位に揃えたのち(12.38はそのまま，1.243は1.24とする)加減算を行い，結果の数値の最終桁を四捨五入する．

例) $12.38 + 1.243 + 215.2 = 12.38 + 1.24 + 215.2 = 228.82 \approx 228.8$

(4) 乗除算は簡便には各数値をそのまま計算して，結果の数値の有効数字の桁数を元の数値の中で最も小さい桁数に合わせる．

例) $34.2 \times 1.3 / 92.35 = 0.4814\cdots \approx 0.48$

ただし，正確には次節に述べる誤差の伝播を考慮しないと間違った結果を導き出す場合もあることに注意する．また，非常に近い数値同士の減算を行うと答えが小さくなり，有効数字が減ってしまうことがある．例えば $1.00002 - 1.00001 = 0.00001$ となり，演算により有効数字が6桁から1桁に落ちる．これは桁落ちとよばれる．桁落ちしたまま次の演算を行っていくと非常に大きな誤差を生むため，問題の減算以外の部分の演算を先に行ってから最後に差を求めるなどの工夫が必要である．

1.4 誤差の伝播

誤差をもつ測定値同士を演算して別の値を導き出すときに，誤差がどのように拡大縮小するかを正確に見積もることは重要である．誤差が演算によって変化することを誤差の伝播という．有効数字の考え方は簡便ではあるが，正確に演算における誤差を取り扱うには，このような誤差の伝播を考慮する必要がある．

測定値の最確値と誤差が$\bar{X} \pm dX$，$\bar{Y} \pm dY$，$\dots\bar{Z} \pm dZ$であり，その測定値を用いて関数$f(\bar{X},\ \bar{Y},\ \dots\bar{Z})$の値を計算する場合を考える．誤差$dX$，$dY$，$\dots dZ$が互いに独立かつランダムであるとすると，$f(\bar{X},\ \bar{Y},\ \dots\bar{Z})$の誤差$df$は以下のように表される．

$$df = \sqrt{\left(\frac{\partial f}{\partial \bar{X}}\right)^2 dX^2 + \left(\frac{\partial f}{\partial \bar{Y}}\right)^2 dY^2 + \dots + \left(\frac{\partial f}{\partial \bar{Z}}\right)^2 dZ^2} \quad \cdots\cdots (2)$$

式の形からわかるように，測定値同士の演算により求めた値の確からしさは誤差の大きい測定値によってほぼ支配される．これは，1つのいいかげんな測定値が他の注意深い測定による値を全て台無しにしてしまうことを意味する．

例）ホールピペットではかり取った塩酸$X = 10.00 \pm 0.02$ mLを，メスシリンダーではかった純水$Y = 20.5 \pm 0.5$ mLに加えた溶液の体積誤差は$f(\bar{X},\ \bar{Y}) = \bar{X} + \bar{Y}$であるので，

$\sqrt{\left\{\partial(\bar{X}+\bar{Y})/\partial\bar{X}\right\}^2 dX^2 + \left\{\partial(\bar{X}+\bar{Y})/\partial\bar{Y}\right\}^2 dY^2} = \sqrt{0.02^2 + 0.5^2} = 0.5004 \approx 0.5$ となる．よって溶液の体積は30.5 ± 0.5 mLとなる．

1.5 誤差の分布

過失誤差と系統誤差を十分に取り除くと測定値には偶然誤差のみが残る．1.1で示したような偶然誤差がもつ性質から，この誤差dXの現れ方は以下のような確率関数で示されることがわかっている．

$$p(dX) = \frac{1}{\sqrt{2\pi}\sigma}\exp\left[-\frac{dX^2}{2\sigma^2}\right] \quad \cdots\cdots (3)$$

これは正規分布（ガウス分布）とよばれ，偶然誤差dXが現れる確率を示している．σは標準偏差とよばれ，分布の広がりを表す．図1に，σ値の異なる3つの正規分布を示す．

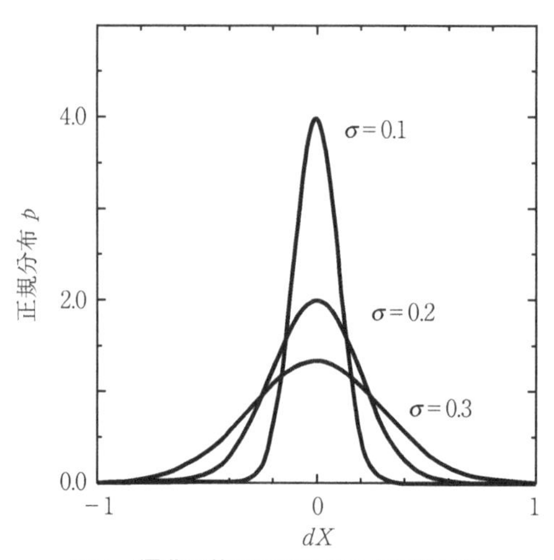

図1．標準偏差の異なる3つの正規分布

誤差が$\pm\sigma$の範囲，つまり測定値が$\bar{X}\pm\sigma$の範囲に入る確率は$p(dX)$を$\pm\sigma$の範囲で積分することにより，

$$\int_{-\sigma}^{+\sigma} p(dX)d(dX) \approx 0.68269 \quad \cdots\cdots (4)$$

と求まり，およそ68％の確率であることがわかる．同様に測定値が$\bar{X}\pm 2\sigma$，$\bar{X}\pm 3\sigma$の範囲に収まる確率を求めると，それぞれ95％，99.7％となり，たとえ誤差があったとしても最確値から標準偏差σの2倍あるいは3倍外れた測定値が観測される確率はほぼ0に等しいことがわかる．逆に標準偏差の2倍，3倍以上の値のずれが観測された場合は，誤差ではなく何か意味のある差異が測定値に現れたと考えることができる．

2　実験式の求め方

2.1　最小二乗法

実験では条件Xを変えてある量Yを測定し，YとXとの間の関係$Y=f(X)$を求めることがよく行われる．この実験により求められる$Y=f(X)$を一般に実験式という．

いまN回の測定によりN組のデータ$(X_1,\ Y_1)$，$(X_2,\ Y_2)$，… $(X_N,\ Y_N)$が得られたとする．実際の測定では，たとえ過失誤差や系統誤差が排除され，かつ条件Xに一切の誤差が含まれていないとしても，測定値Y_iには必ず誤差が含まれるため，真値と測定値は一致しない．真値が実験式で与えられるとすると，真値と測定値の誤差dYは

$$dY_i = Y_i - f(X_i) \quad (i=1,\ 2,\ \ldots,\ N) \quad \cdots\cdots (5)$$

で与えられ，これが偶然誤差に起因するものになる．この誤差は式(3)で表される正規分布に従うはずなので，N個の誤差の組み合わせ$(dY_1,\ dY_2,\ \ldots,\ dY_N)$が現れる確率$P$は

$$P \propto p(dY_1)p(dY_2)\ldots p(dY_N)$$
$$= \exp\left[-\frac{1}{2\sigma^2}(dY_1^2 + dY_2^2 + \ldots + dY_N^2)\right] = \exp\left[-\frac{\chi^2}{2\sigma^2}\right] \quad \cdots\cdots (6)$$

$$ただし，\quad \chi^2 = dY_1^2 + dY_2^2 + \ldots + dY_N^2 \quad \cdots\cdots (7)$$

となる．実際の測定値ではPが最大になる誤差の組み合わせが現れると考えられ，(6)式のχ^2が最小のときにPは最大になる．このように，誤差の二乗和が最小になるように実験式を求める方法を最小二乗法と呼ぶ．

図2には，2種類の実験式を仮定して，同じデータセットを最小二乗法でフィッティングした結果を示す．χ^2がそれぞれで異なっているが，どちらも正しい結果であり，$Y=AX$のほうが$Y=AX^2$より良い結果であるという解釈をしてはならない．この例からわかるように，測定データから実験式を求める際に注意しなければいけないのは，どのような関数を実験式として用いるのが妥当なのかを判断することである．この判断を正しく行うためには，実験がどのような理論的背景に基づいているのかを正確に理解する必要がある．

以下では，実験式が$f(X)=AX+B$のような線形関数で表せるときに，最小二乗法によりAとBを求める手続きを具体的に述べる．

実験式が$f(X)=AX+B$で表せるとき，真値と測定値の誤差は

$$dY_i = Y_i - (AX_i + B) \quad (i=1,\ 2,\ \ldots,\ N)$$

となる．これを(7)式に代入しχ^2をAとBの関数で表す．すでに述べたように，N個の残差の組み合わせが現れる確率Pが最大になるのはχ^2が最小になるときなので，最小のχ^2を与えるA

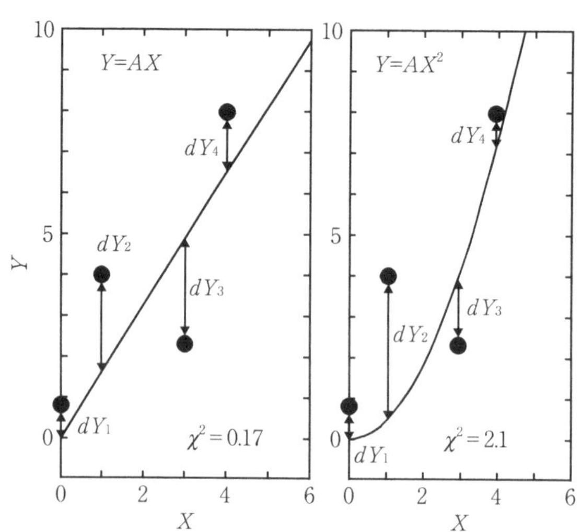

図 2. 4組のデータセット(丸印)を，1次関数と2次関数を用いて最小二乗法によりフィッティングした結果．χ^2 の大きさは仮定する関数に依存する．

と B を求めれば，これらが最小二乗法により求めた答えになることがわかるであろう．最小の χ^2 を与える A と B は次の条件を満足する．

$$\frac{\partial \chi^2}{\partial A} = 2\sum_{i=1}^{N}(AX_i^2 + BX_i - X_iY_i) = A\sum_{i=1}^{N}X_i^2 + B\sum_{i=1}^{N}X_i - \sum_{i=1}^{N}X_iY_i = 0 \quad \cdots\cdots (8)$$

$$\frac{\partial \chi^2}{\partial B} = 2\sum_{i=1}^{N}(AX_i + B - Y_i) = A\sum_{i=1}^{N}X_i + BN - \sum_{i=1}^{N}Y_i = 0 \quad \cdots\cdots (9)$$

これらの連立方程式を解くと

$$A = \frac{N\sum_{i=1}^{N}X_iY_i - \sum_{i=1}^{N}X_i\sum_{i=1}^{N}Y_i}{N\sum_{i=1}^{N}X_i^2 - (\sum_{i=1}^{N}X_i)^2} \quad \cdots\cdots (10)$$

$$B = \frac{\sum_{i=1}^{N}X_i^2\sum_{i=1}^{N}Y_i - \sum_{i=1}^{N}X_i\sum_{i=1}^{N}X_iY_i}{N\sum_{i=1}^{N}X_i^2 - (\sum_{i=1}^{N}X_i)^2} \quad \cdots\cdots (11)$$

ここで得られた結果はあくまで条件 X と測定値 Y が線形の関係にあるときに，その未定係数である A，B を測定データから決定する方法である．これらの結果を適用する前に，そもそも X と Y が線形になっている十分な根拠があることを確認しておかなければならない．さらにここではいずれの測定値 Y も同じ程度の誤差をもつことを仮定していることに注意する．一般には，測定条件 X が変わると測定値の誤差 dY は異なる分散をもつ正規分布に従うようになることが多い．特に，測定値に対数や逆数などの演算を施した値に対して最小二乗法を適用をする場合は気をつけなければならない．

■ 参考文献

・「実験データを正しく扱うために」化学同人編集部編，化学同人
・「計測における誤差解析入門」J. R. Taylor 著，東京化学同人
・「第5版　実験化学講座1　基礎編Ⅰ」日本化学会編，丸善
・「化学計算のための数学入門」P. C. Yates 著，東京化学同人

付録 2.　ガラス電極 pH 計

1　ガラス電極 pH 計の原理

ある種のガラス(たとえば SiO_2–Na_2O–CaO 系のガラス)は水素イオンに対して特異的な感応性を示す．これらのガラス膜の水素イオンに対する応答の機構については，必ずしも完全に解明されているとはいえないが，このガラス膜を隔てて水素イオンの活量の異なる 2 種類の水溶液(I および II)を接触させると，膜の両端に電位差(ΔE：pH の高いほうが正)が生じる[注]．実験的には次式の膜電位の式がよい近似で成立する．

$$\Delta E = \frac{RT}{F}\ln\frac{a_{H^+}(\mathrm{I})}{a_{H^+}(\mathrm{II})} \quad \cdots\cdots (1)$$

ここで $a_{H^+}(\mathrm{I})$，および $a_{H^+}(\mathrm{II})$ は溶液 I および II 中の水素イオンの活量である．ここで $a_{H^+}(\mathrm{I}) = 10^{-7}$ M とすれば ΔE は未知溶液 II 中の水素イオンの活量(または pH(II))を用いて次式のように表される．

$$\begin{aligned}\Delta E &= \frac{RT}{F\log e}\{\log a_{H^+}(\mathrm{I}) - \log a_{H^+}(\mathrm{II})\} \quad \cdots\cdots (2)\\ &= -0.413 + 0.059\mathrm{pH(II)}\ (25℃)\end{aligned}$$

2　ガラス電極の構成

現在普及している複合タイプのガラス電極の構成を図 1 に示す．複合電極(1 本タイプ)は，外部参照電極をガラス電極のまわりにつけて 1 本にまとめたもので，その基本的構成は 2 本電極式と全く同一である．pH 計にはこの外に温度補償用のサーミスタが組み込まれている．図のようにガラス電極を pH 未知の溶液につけ，ガラス電極中の参照電極と外部の参照電極(両者とも KCl 飽和塩化銀電極)の間に生ずる電位差を測定する．ガラス膜の抵抗は極めて高いため，高入力抵抗の電圧計を用いる．ガラス電極中の溶液の pH を一定にしておけば(pH = 1 程度の塩酸，または緩衝溶液を用いて pH = 7 付近に保つ)，(2) 式に基づき電位差の値から未知溶液の pH

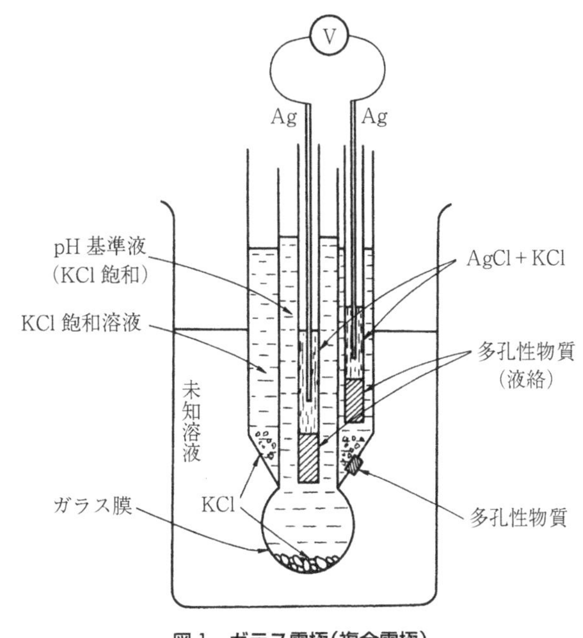

図 1．ガラス電極(複合電極)

(注) 例えば，「定量分析の化学」田中元治，中川元吉編，朝倉書店，「電子移動の化学」日本化学会編，渡辺正，中林誠一郎著，朝倉書店などを参照.

を知ることができる．ただし，実際にガラス電極を用いて pH を測定する場合には次式で示す種々の誤差が入ってくる．

$$\Delta E = A + B + C + \frac{\alpha RT}{F} \ln \frac{a_{H^+}(I)}{a_{H^+}(II)} \quad \cdots\cdots (3)$$

ここで，

A：ガラス膜の両面の状態が同一でないために起こる誤差（不斉電位）

B：基準溶液 I の pH が 7（または所定の pH）からずれていることによる誤差

C：2 本の基準電極間のばらつきによる誤差

α：ガラスの pH に対する起電力特性が理想的（水素イオンの輸率が 1）でないことによる誤差

(3) 式の A，B，C，α による誤差は簡単に知ることはできないので，実際には使用する直前に 2 種類の pH 標準液（緩衝溶液）を用いて pH 計としての 0 点（pH ＝ 7 のときの電位差＝ 0 V）および感度（1 pH あたりの電位差：2.303 RT/nF）の較正を行ってから未知溶液の pH の測定を行う（2 点調整法→(6) 式参照）．このようにすれば pH 領域 0 ～ 13 で± 0.01 以内の精度（0 ～ 60℃）で測定が可能である．

3　ガラス電極 pH 計の使用法（2 点調整法）

ガラス電極 pH 計は一般に以下に示すような順序で調整（2 点調整）を行ってから未知溶液の pH の測定を行う．図 2 に pH 計を示す．

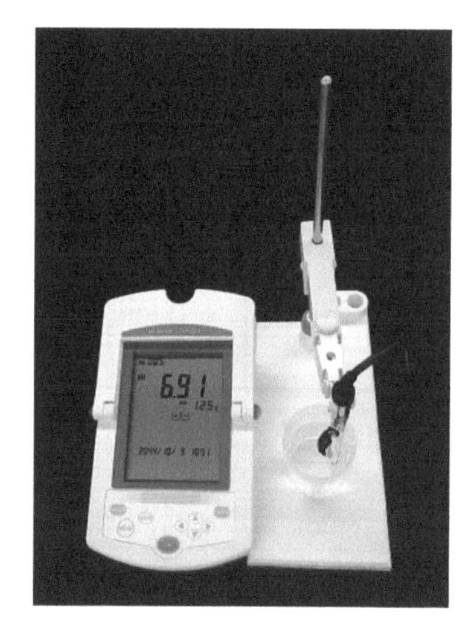

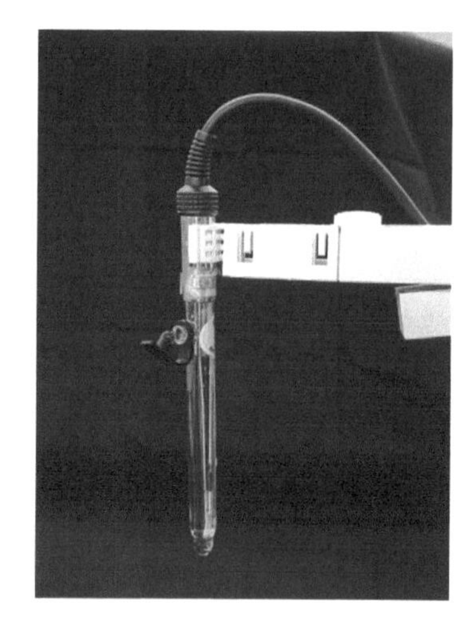

図 2．左：pH メーター，右：ガラス電極

① ガラス電極を電極ばさみに装着し，電極からのリードプラグをそれぞれの端子に接続する．

② 電源プラグを 100 V 電源に差しこむ．

③ メインスイッチを ON にする．

④ ガラス電極の下にビーカーを置き，純水で電極を洗う．ウエスを用いガラスをこすらないように水滴を吸いとる．

⑤ 電極を中性リン酸塩標準液の入ったビーカー中に浸し（ガラス電極球部，および複合電極の場合には基準電極側の接続孔までを完全に液に浸す），約 1 分たってから，pH 計が次頁の表 1 の液温における pH 値を示すように調節する（0 点調節）．

⑥ 電極を引き上げ，④と同じ操作で電極を洗浄する(この際メーターが振り切れることがあるがさしつかえない．いちいちOFFにしないこと)．

⑦ 電極をフタル酸塩標準液に入れ，約1分後，pH計が正しくその液温におけるpHを指示するように調整する(感度調整)．

[注意] アルカリ性溶液を測定する際にはホウ酸塩標準液を用いる．

⑧ pH計の機種によっては，④〜⑦の操作を繰り返す必要がある(メーターの指針が正しい値を示していればその時点で調整を終了する)．

⑨ 電極を引き上げ，純水で十分洗浄したのちガラス電極についた水滴を吸いとる(以上で2点調整を終わる)．

⑩ 測定したい溶液中にガラス電極を入れ，1〜2分後にpH値を読みとる．

⑪ 測定が終了したら電極を水洗したのち，純水またはKCl飽和溶液中に浸しておく．

[注意] ガラス電極は常に純水またはKCl飽和溶液中に保存し，乾燥させてはならない．

表1．pH標準液の各温度におけるpHの値(JIS規格)

温度(℃)	標準液			
	シュウ酸塩	フタル酸塩	中性リン酸塩	ホウ酸塩
0	1.67	4.01	6.98	9.46
5	1.67	4.01	6.95	9.39
10	1.67	4.00	6.92	9.33
15	1.67	4.00	6.90	9.27
20	1.68	4.00	6.88	9.22
25	1.68	4.01	6.86	9.18
30	1.69	4.01	6.85	9.14
35	1.69	4.02	6.84	9.10
40	1.70	4.03	6.84	9.07
45	1.70	4.04	6.83	9.04
50	1.71	4.06	6.83	9.01
55	1.72	4.08	6.84	8.99
60	1.73	4.10	6.84	8.96

[注意] **pHの定義(IUPACの表記法に基づく)**

水溶液のpHは水素イオン濃度(正しくは活量)により熱力学的に次式で定義される．

$$\mathrm{pH} = -\log a_{\mathrm{H^+}} \quad \cdots\cdots (4)$$

一方，実験的には，pHの値はその溶液中での水素電極電位やガラス電極の電位などの電位測定によって求める．

pHを電位測定で求める場合，通常各国に標準(日本ではJIS)で定められたpH標準液での電位をあらかじめ測定し，次にpH未知の溶液中で電位を測定して両者の差からpHを求める．水素電極電位の測定から求める場合は次式で定義される．

$$\mathrm{pH(X)} = \mathrm{pH(S)} + \frac{F(E_{\mathrm{X}} - E_{\mathrm{S}})}{RT \ln 10} \quad \cdots\cdots (5)$$

ここで，R:気体定数，T:絶対温度，F:ファラデー定数，pH(X)，pH(S)はそれぞれ未知溶液，標準溶液中でのpHの値，E_{X}，E_{S}は対応する溶液中での水素電極電位の値を示す．

pH測定用電極として現在最も実用性の高いガラス電極を用いてpHを測定する場合には，電位と pH の直線性を仮定し，2 種の pH 標準液を用いる方法により次式より pH を求める．

$$\frac{\mathrm{pH(X)} - \mathrm{pH(S_1)}}{\mathrm{pH(S_2)} - \mathrm{pH(S_1)}} = \frac{E_X - E_1}{E_2 - E_1} \quad \cdots\cdots (6)$$

pH(X)，pH(S_1)，pH(S_2) は，それぞれ未知溶液，標準液 1，標準液 2 の pH の値，E_X，E_1，E_2 は対応する溶液中での（ガラス電極の）電位を示す．標準液はなるべく E_X が E_1 と E_2 の間にくるように選ぶ．

(5)，(6) の定義は水素電極の電位がネルンストの式（$E = E^{\circ}_{\mathrm{H^+/H_2}} + (RT / nF)\ln a_{\mathrm{H^+}}$）で表されることに基づいてはいるが，(4) 式のような明確な熱力学的な意味はなく，あくまで pH の「測定」を念頭においた技術的なものである．しかし (4) 式と (5) 式，(6) 式の pH とは，pH が 2 ～ 12 の範囲であれば ± 0.02 の精度で一致すると考えてよい．

付録 3.　分光光度計

分光光度計は，化学の分野のさまざまな領域において広く利用されており，測定波長領域に応じて，赤外，可視および紫外，真空紫外用の分光光度計などがある．ここでは，溶液中の物質の濃度の定量，同定，構造の研究などによく用いられる可視および紫外用の分光光度計に関し，特に溶液の吸収スペクトルの測定について説明する．

1　Lambert–Beer の法則

Lambert の法則は，吸収性溶質が溶けている溶液中を光が透過する際の，光の吸収量と光が溶液中を通る長さ（光路長）の関係を記述したものである．いま，図 1 のように波長 λ の単色平行光が I_A の強度で溶液に入り，距離 d だけ進んだ後，強度 $I\,(< I_A)$ になって出てくるとする．光が透過する溶液層を何層もの微小長さ Δd に分けて考えると，各層での光強度の減少分 $(-\Delta I)$ は一定であるので，次のような方程式がたてられる．

$$-\frac{\Delta I}{\Delta d} = k_1 I$$

k_1 は定数である．これを微分方程式として解くと次式を得る（慣例に従って，底が 10 の常用対数で表す）．

$$\log\frac{I_A}{I} = k_2 d \quad ただし，\ k_2 = k_1 \log e \quad \cdots\cdots (1)$$

ところが，溶液中での光の減衰には，溶質による吸収以外に溶媒による吸収・散乱の効果もある．したがって，溶媒による光の減衰量を見積もり，溶質のみの光吸収量を考えねばならない．溶媒による光の吸収については図 1(a) のようであるとし，ここにも Lambert の法則が成立しているとすれば，

$$\log\frac{I_A}{I_0} = k_0 d \quad \cdots\cdots (2)$$

となる．この式と (1) 式から I_A を消去して次式を得る．

$$\log\frac{I}{I_0} = kd \quad \cdots\cdots (3)$$

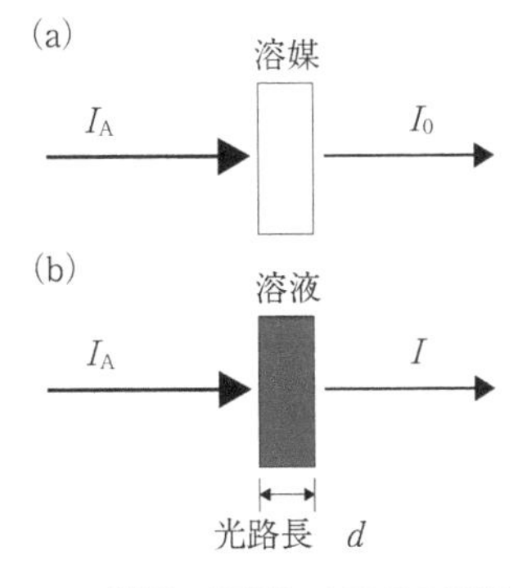

図 1. 溶媒と溶液による光の吸収

ただし，$k = k_0 - k_2$ である．これが溶質による光吸収に対する Lambert の法則である．

Beer の法則は光の吸収量と溶液濃度 C の関係を記述したものであり，吸収量が濃度の増加とともに減少することを述べている点で，Lambert の法則に類似する．つまり，(3) 式に対応した式 $\log(I/I_0) = k'C$ が得られる．Lambert と Beer の法則をまとめると，

$$\log \frac{I}{I_0} = kCd$$

となる．(I/I_0) は透過率 T (transmittance) とよばれ(注)，吸光度 A (absorbance) は T を用いて

$$A = -\log T = -\log \frac{I}{I_0} \quad \cdots\cdots (4)$$

で定義され，結局 A は次のようになる．

$$A = -kCd = \varepsilon Cd \quad \cdots\cdots (5)$$

ここで，ε は試料物質，溶媒，光の波長に依存するが，試料濃度や光路長には依存しない値であり，モル吸光係数とよばれる．吸光度 A は，その定義式 (4) からもわかるように，無次元の量である．

2 分光光度計

分光光度計は試料の透過率 T，または吸光度 A を光の波長の関数として測定するための機器であり，基本的な構成はおよそ次のようである．

1. 測定領域全体にわたって光が放射される光源
2. 任意の波長の単色光を選択する分光器 (モノクロメーター)
3. 試料を収める試料室
4. 試料を透過した光の強度を測定する検出器

このうち，任意の単色光を選択する分光器は，入射スリット・回折格子・出射スリットが基本構成であり，スリットに対する回折格子の傾きにより任意の単色光を選択できる仕組みになっている (図 2)．

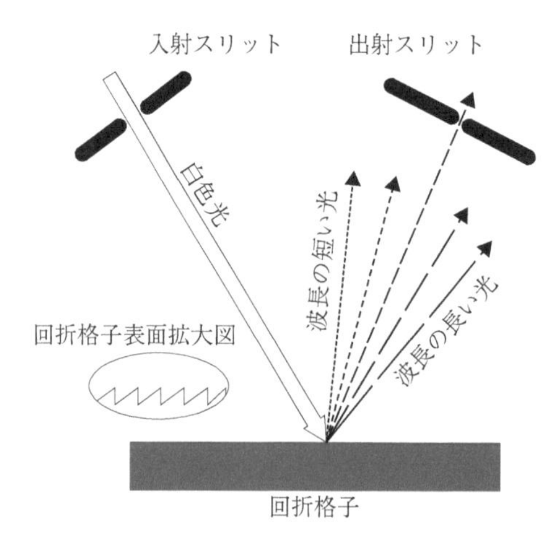

図 2. 白色光と回折格子

(注) I/I_0 に 100 を掛けたものを透過パーセント，あるいは透過百分率といい，単位 % で与えられる．ただし，テキストによっては透過パーセントをもって単に透過率ということもあるので，注意を要する．

図3に，日本分光製の紫外可視分光光度計V-530及びV-630の基本構成を示す．ここでは，光源に紫外領域用として重水素ランプ(190～350 nm)，可視領域用としてハロゲンランプ(350～1100 nm)を使用している．光源からの光は前置鏡M_1で集光され，フィルターにより迷光をカットした後，入射スリットS_1に入る．その後，光は回折格子で分散され，出射スリットS_2から出てきた光は単色化された光となる．この装置の特徴は，後置鏡M_2のあとにビームスプリッターBS(ハーフミラー)で光を2つに分け，一方は対照試料に，他方は試料に入射させるところである．こうすることにより，対照試料を透過した光の強さI_0と，試料を透過した光の強さIの双方を同時計測で，(4)式に従って吸光度Aを求める．検出器として，この装置ではシリコンフォトダイオードを用いている．

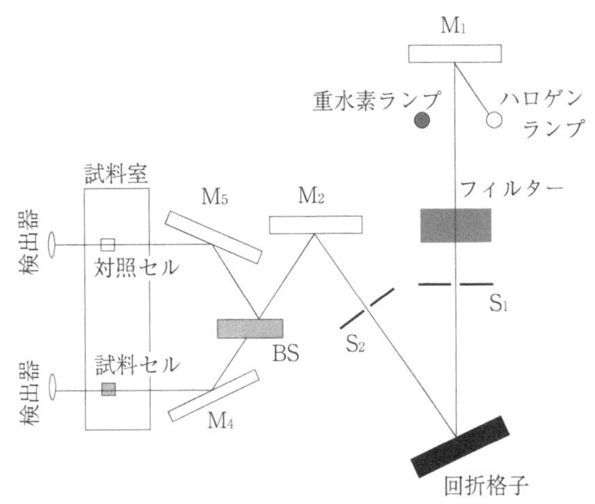

図3．V-530及びV-630の光学系

3　吸収セルの取り扱いとセル補正

吸収セル(図4)は破損しやすいので取り扱いには注意する．特に吸収セルに手を触れる場合には，すりガラスの面を持つようにし，透明な面には絶対に触れない．

測定にあたっては，試料溶液の調製で用いる溶媒で吸収セルを洗浄し，さらに測定する試料溶液で洗浄する(共洗い)．試料溶液を吸収セルの8分目まで満たし，ろ紙のような吸水性のものを軽く押し当てるようにしてセル外面の水滴を拭き取る。最後に，セル内に細かい泡やゴミがない事を確認すること。吸収セルをセルホルダーに挿入したり取り出すときには，必ず試料室からセルホルダー(図5)を取り出して行う．

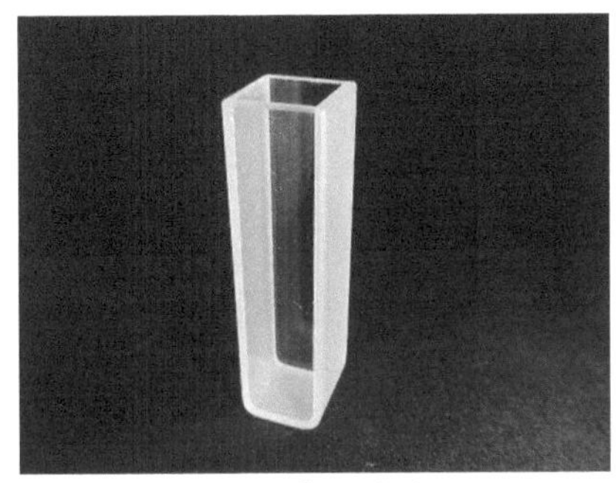

図4．ガラスセル

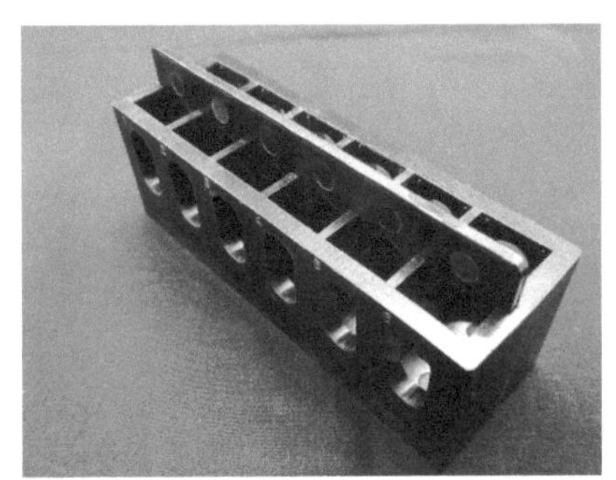

図5．セルホルダー

吸収セルは厚さ(内のり)が通常 1 ± 0.01 cm となるように，またセル自身による光の減衰の度合いが 0.01% 以内になるように作られている．しかし，使用頻度の高いセルではセル表面についた細かい傷が光の減衰に寄与することがある．また，溶媒分子による光の吸収が無視できない実験もある．そのため，高い精度が要求される実験では，溶質分子以外の寄与による光の減衰を見積もる必要がある．この作業をセル補正とよぶ．セル補正では，対照セルおよび測定セルに溶媒を入れ吸光度を測定する(このときの吸光度を A'' とし，セル補正値とよぶ)．セルに試料溶液を満たしたときの吸光度を A' とすると，加成性が成り立つので，真の吸光度は，$A = A' - A''$ となる．セル補正値は，セルに固有であり，かつ光の波長によっても異なる．したがって，実験に用いるすべてのセルについて，すべての光の波長に対して求める必要がある．

付録 4. 赤外吸収スペクトル

分子の振動・回転の状態を変化させる，すなわち量子化された振動・回転の準位を励起するのに必要なエネルギーは赤外線(Infrared)領域の電磁波のエネルギーに相当する．このエネルギーの大きさは分子の化学構造によって異なるので，試料に赤外線をあてて吸収された赤外線のエネルギーを調べれば，分子の同定や構造決定に有用な情報を得ることができる．図 1 に示す例のように，横軸を赤外線のエネルギー(波数，cm^{-1})，縦軸を吸収強度(吸光度)としたチャートを，赤外吸収スペクトル(IR スペクトル)とよぶ.

1 実験装置

現在最もよく用いられている赤外分光装置は，フーリエ変換型のもの(FT-IR)である．この装置は，セラミック光源，試料室，分光部，および焦電型検出器からなる．分光部には，回折格子を用いる可視・紫外分光光度計(付録 3)と異なり，マイケルソン干渉計が用いられている．この干渉計はビームスプリッターと固定ミラー，および可動ミラーより構成される．ビームスプリッターで 2 つに分けられた光の干渉強度を，可動ミラーを一定速度で移動させながら観測，得られた時間依存干渉パターン(インターフェログラム)をフーリエ変換すると赤外吸収スペクトルが得られる．

2 基準振動と赤外活性

分子振動に伴って双極子モーメントが変化する場合，その変化量の二乗に比例した強度の赤外線の吸収が生じる．このような振動を赤外活性な振動とよぶ．一酸化炭素や塩化水素などの異核 2 原子分子の振動スペクトルは赤外分光法で測定することができるが，水素分子や窒素分子などの等核 2 原子分子では振動による双極子モーメントの変化がないため，赤外吸収は観測されな

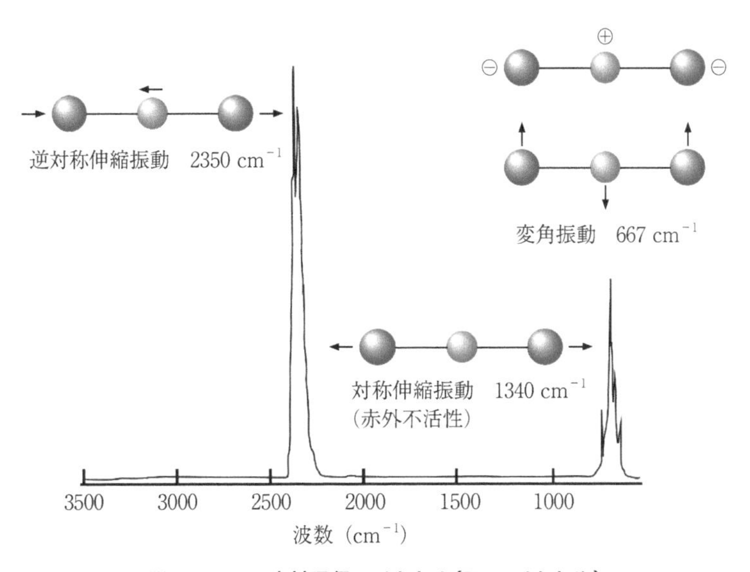

図 1. CO_2 の赤外吸収スペクトル(IR スペクトル)

い(赤外不活性)．一般に n 個の原子からなる非直線分子は $3n-6$ 個，直線型分子は $3n-5$ 個の振動モード(基準振動)をもつ．例えば，二酸化炭素は4つの振動モード(図1)をもつが，そのうち対称伸縮振動は双極子モーメントが0のまま変化しないので赤外不活性である．一方，逆対称伸縮振動と二重縮重した変角振動は強い赤外吸収ピークを与える．この変角振動の赤外吸収ピークの波数は，地球から宇宙への輻射が最も強くなる波数領域と重なるため，輻射のエネルギーが分子振動のエネルギーとして吸収されてしまう．このエネルギーが再び熱エネルギーとして大気圏内に放出されることが，地球温暖化を引き起こすと推定されており，二酸化炭素の濃度の増加が問題となってきている．

3　有機化合物の赤外吸収スペクトル

複雑な有機化合物では，分子中の部分構造(官能基)がもつ固有の振動により特徴的な赤外吸収が観測される．これら個々の官能基に特徴的な吸収帯は，有機化合物の赤外吸収スペクトル(一般的には 400 ～ 4000 cm^{-1} の範囲)において，通常 1500 cm^{-1} よりも高波数側の領域に位置する．それらの吸収帯の波数などから試料に含まれる官能基を同定することが可能である．これに対して，1500 cm^{-1} よりも低波数側，特に 650 ～ 1300 cm^{-1} の領域では細かい構造をもつ多数の吸収ピークが観測され，そのパターンが化合物全体の構造を反映することが多い．この波数領域を指紋領域とよぶ．

いくつかの官能基について，その特性吸収(単位 cm^{-1})を以下に示す．なお，実際には各官能基に隣接する構造の違いで値が多少ずれるため，ここでは最も典型的な例を記載している．詳細は参考文献を参照されたい．

C–H 伸縮(–CH_2–)	2960–2850	C=O 伸縮(アルデヒド)	1740–1720
C–H 変角(–CH_2–)	1470–1430	C=O 伸縮(ケトン)	1725–1705
O–H 伸縮	3600–3200	C=O 伸縮(エステル)	1750–1735
C–C 三重結合伸縮	2260–2150	C=O 伸縮(カルボン酸)	1725–1700
C–N 三重結合伸縮	2260–2200	C=O 伸縮(アミド)	1690

近年，各種の分光学的測定技術の進歩により，赤外吸収スペクトルのみで化合物の構造決定を行うことは少なくなっている．しかし，測定が容易な「非破壊測定」であること，気体・液体・固体とさまざまな状態での測定が可能であることなどの利点もあり，有機化合物における周辺構造を含めた官能基の同定，さらにはこれまで蓄積されてきた膨大な赤外吸収スペクトルデータベースを利用する分子構造の決定などに現在でも威力を発揮している．

■参考文献

・「有機化合物のスペクトルによる同定法–MS，IR，NMR の併用 第8版」R. M. Silverstein, F. X. Webster, D. J. Kiemle 著，岩澤伸治，豊田真司，村田滋訳，東京化学同人
・「有機化学のためのスペクトル解析法　第2版」M. Hesse, H. Meier, B. Zeeh 著，化学同人

付録 5. 偏光計

光は電磁波であり，図 1 に示すように進行方向を含み互いに直交する 2 つの面の中で電場と磁場が同じ位相で振動して進んでいる進行波である．

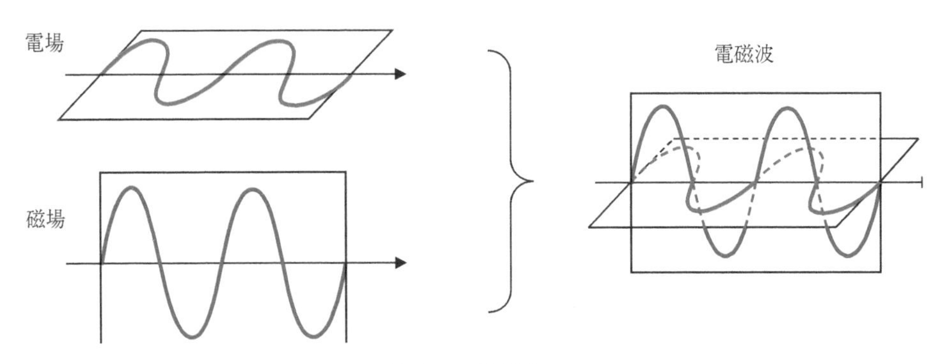

図 1．電磁波（光）

自然光は，あらゆる方向に振動する電場と磁場の組み合わせをもつ．図 2 に磁場の面を省略したものを示す．これが方解石や水晶など結晶の中に入ると，特定の方向だけに振動する光が透過する．この光は，一平面の中だけで振動する電場をもつので平面偏光（または直線偏光）といわれる．このとき電場の振動する面を偏光面という．

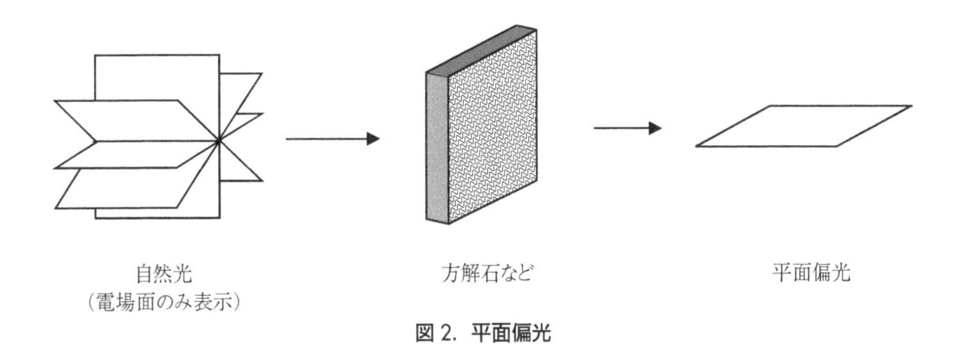

図 2．平面偏光

このような平面偏光は右まわりの円偏光と左まわりの円偏光のベクトル和として表されるが，これが糖類のような不斉炭素をもつ旋光性物質（光学活性体）の溶液を通過すると，左右の円偏光の屈折率が異なるためにその一方の成分が遅れ，その位相差に応じて偏光面が回転する．このような旋光性は平面偏光の回転角度（旋光度）によって示され，偏光計を用いて測定することができる．

以下に偏光計の測定原理を説明する．図 3 に示すように，光源から出た単色光（ナトリウムの D 線）は進行方向から見てあらゆる方向に振動面をもつ．方解石と同様な作用をもつ偏光子を透過すると，一方向（図 3 では水平方向）の平面偏光となる．続いて，これと直角方向に偏光子と同様な作用をもつ検光子をおくと，この平面偏光は全く透過せず，観測される視野は暗くなる．

下段に示したものは，光の進行方向から見たときの偏光面(↔)と偏光子の方向を模式的に描いたものである．

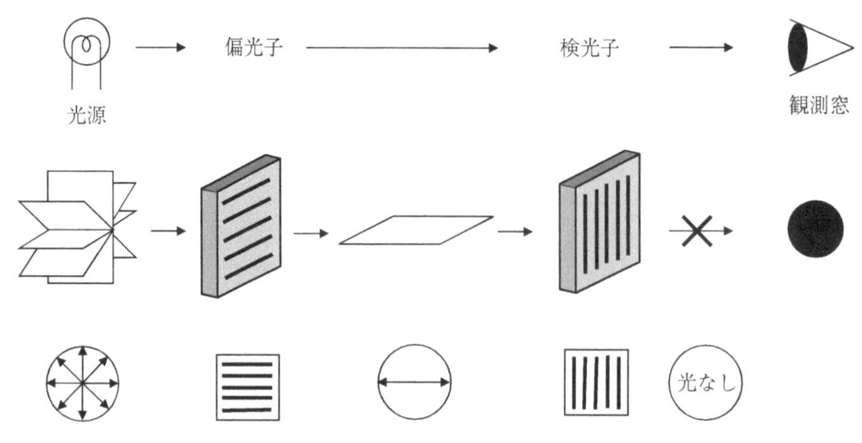

図 3．偏光計の原理(試料がない場合)

一方，図 4 に示すように，偏光子を通った水平方向の平面偏光を光学活性な試料に透過させると，旋光性により偏光面がある角度(α)だけ回転される．このとき検光子が垂直のままでは(a)視野は先ほどより明るくなるが，同じ角度だけ検光子を回転させると(b)視野が再び暗くなる．この角度(α)が試料の旋光度となる．

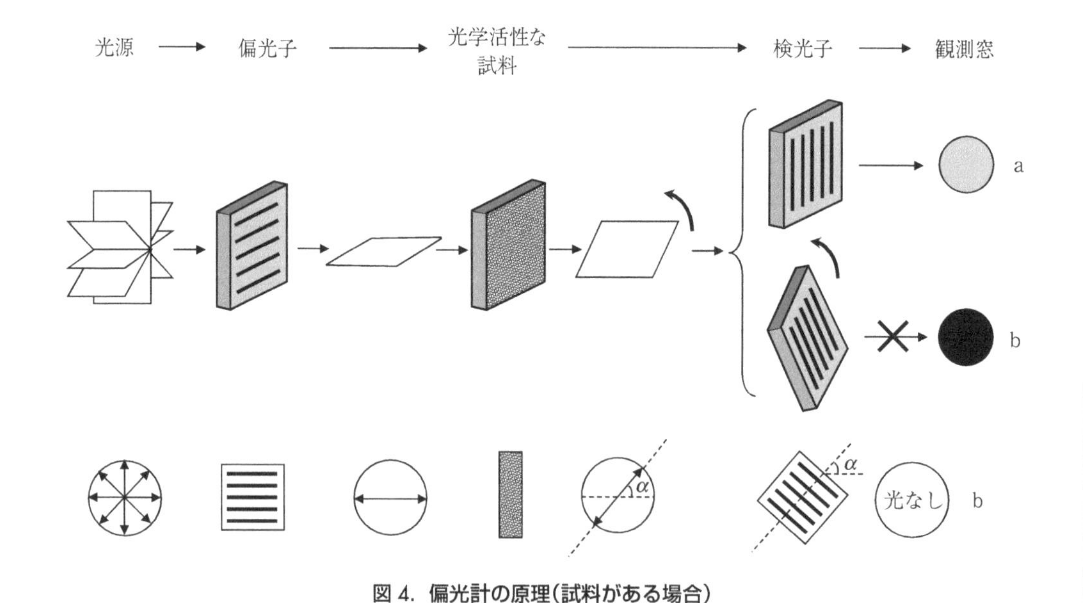

図 4．偏光計の原理(試料がある場合)

偏光計には旋光度を精確に測定するため，図 5 に示すように石英板が観測視野の半分に重なるようにおかれている．石英の旋光性により石英板を通った平面偏光はわずかに回転する(約 6°)．

図 6 に，石英板を使用した実際の偏光計による測定原理を示す．試料がない場合，検光子を石英の旋光度だけ回転させると石英板を透過した右半分の視野が暗くなる(a)．一方，検光子を回転させず垂直のままにすると，石英板を通らない左半分の視野が暗くなる(c)．一般に，人間

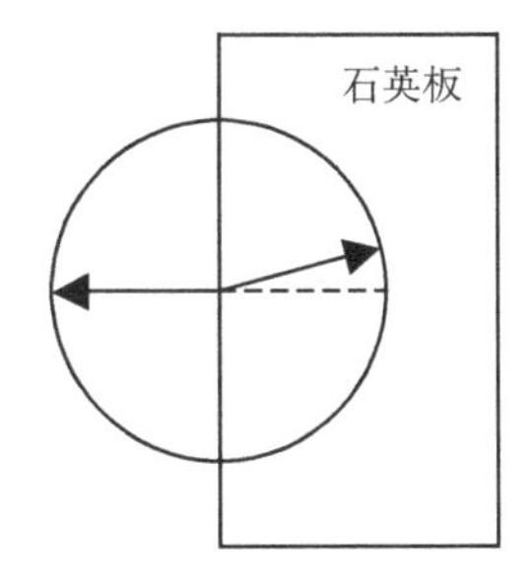

図 5. 石英板の作用

が目によって明るさを判断する場合，1点の絶対的な明るさよりも2点の相対的な明るさを比較する方が精確である．そこで，検光子を回転させて左右の視野の明るさが同じになるところ，すなわちaとcの中間で止め，そのときの角度を0°とする(b)．試料をおいた場合，石英板を通る光と通らない光ともにまず試料により偏光面がα°回転される．再び視野の左右の明るさが同じになるように検光子を回転させると(d)，そのときの角度が試料の旋光度(α)となる．

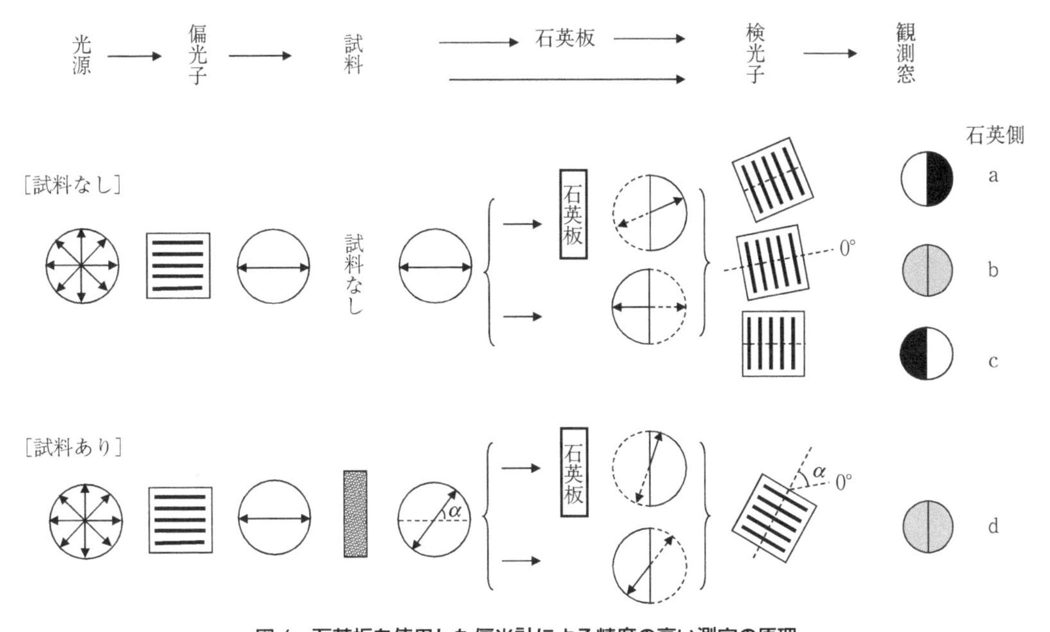

図 6. 石英板を使用した偏光計による精度の高い測定の原理

このようにして得られる旋光度(α)は，光の通過する層の長さl(dm)，測定温度t(℃)，溶媒の種類，溶液の濃度C(g/100 mL)および測定光の波長λ(nm)に依存する．一般に溶液の比旋光度$[\alpha]^t_\lambda$は次のように定義されている．

$$[\alpha]^t_\lambda = 100 \cdot \alpha / C \cdot l$$

特にナトリウムD線(波長は589.0 nmおよび589.6 nm)を単色光として用いた場合，比旋光度を$[\alpha]^t_\mathrm{D}$で表す．たとえば$[\alpha]^{20}_\mathrm{D} = +52.7$ (D−グルコース)のように表記する[注1]．

(注1) 種々の化合物の比旋光度は，「化学便覧　基礎編　改訂6版」日本化学会編，丸善など参照．

[偏光計の使用法]

(1) 電源を入れる．ナトリウムランプを点灯しオレンジ色の光を確認したら，15分以上放置する．

(2) 試料台にセルがないことを確認し，試料室カバーを静かに閉じる．接眼鏡を回してピントを合わせる．

(3) ROTATE ボタンを押して(オレンジのボタンと白のボタンを同時に押すと早送りできる)両半円の明るさを等しくしたのち，ZERO SET を押して表示を 0.00 とする．

(4) 試料台にセルをのせる．このときセル内に小さな気泡があるときは，セルの途中のふくらんだ部分に気泡を入れる．試料台に試料溶液をこぼした場合は，すぐにふき取る．

(5) 試料室カバーを閉じ，ROTATE ボタンにより両半円の明るさを等しくする．

(6) 前面のデジタル表示を読む．この値が旋光度である．

(7) 測定時には試料室内部の温度計の値も記録しておくこと．

付表 1. 物理定数表

物理定数

物理量	記号	数値
光速度(真空中)	c	2.9979×10^{8} m s^{-1}
電子の質量	m_e	9.1094×10^{-31} kg
電気素量	e	1.6022×10^{-19} C
真空の誘電率	ε_0	8.8542×10^{-12} J^{-1} C^{2} m^{-1}
プランク定数	h	6.6261×10^{-34} J s
アボガドロ定数	N_A	6.0220×10^{23} mol^{-1}
ファラデー定数	$F = eN_A$	9.6485×10^{4} C mol^{-1}
ボルツマン定数	k	1.3807×10^{-23} J K^{-1}
気体定数	$R = kN_A$	8.3145 J K^{-1} mol^{-1}
0℃の絶対温度		273.15 K
標準状態圧力		1.0×10^{5} Pa（IUPAC 推奨値）
		1.01325×10^{5} Pa（慣例値）

エネルギー換算

1 J $= 6.242 \times 10^{18}$ eV = 1 N m
1 eV $= 1.602 \times 10^{-19}$ J = 96.48 kJ mol^{-1}
1 a.u. = 27.211608 eV
$= 2.625500 \times 10^{3}$ kJ mol^{-1}

付表 2. 酸解離定数

以下に25℃における酸解離定数 K_a より求めた $pK_a(= -\log K_a)$ を示す.

酸(五十音順)	平　衡	pK_a
亜硝酸	$HNO_2 \rightleftarrows NO_2^- + H^+$	3.15
アニリニウム　イオン	$C_6H_5NH_3^+ \rightleftarrows C_6H_5NH_2 + H^+$	4.65
アンモニウム　イオン	$NH_4^+ \rightleftarrows NH_3 + H^+$	9.24
エチレンジアミン	$^+H_3N(CH_2)_2NH_3^+ \rightleftarrows {}^+H_3N(CH_2)_2NH_2 + H^+$	7.08
	$^+H_3N(CH_2)_2NH_2 \rightleftarrows NH_2(CH_2)_2NH_2 + H^+$	9.89
エチレンジアミン四酢酸(EDTA)	$H_4Y \rightleftarrows H_3Y^- + H^+$	2.0
	$H_3Y^- \rightleftarrows H_2Y^{2-} + H^+$	2.68
	$H_2Y^{2-} \rightleftarrows HY^{3-} + H^+$	6.11
	$HY^{3-} \rightleftarrows Y^{4-} + H^+$	10.17
ギ酸	$HCOOH \rightleftarrows HCOO^- + H^+$	3.55
クロム酸	$H_2CrO_4 \rightleftarrows HCrO_4^- + H^+$	−0.2(20℃)
	$HCrO_4^- \rightleftarrows CrO_4^{2-} + H^+$	6.51
グリシン	$^+H_3NCH_2CO_2H \rightleftarrows H_3^+NCH_2CO_2^- + H^+$	2.36
	$^+H_3NCH_2CO_2^- \rightleftarrows H_2NCH_2CO_2^- + H^+$	9.57
酢酸	$CH_3COOH \rightleftarrows CH_3COO^- + H^+$	4.56
サリチル酸	$HOC_6H_4CO_2H \rightleftarrows HOC_6H_4CO_2^- + H^+$	2.81
ジクロロ酢酸	$Cl_2CHCO_2H \rightleftarrows Cl_2CHCO_2^- + H^+$	1.30
重クロム酸	$H_2Cr_2O_7 \rightleftarrows HCr_2O_7^- + H^+$	−1.4
	$HCr_2O_7^- \rightleftarrows Cr_2O_7^{2-} + H^+$	1.64
シュウ酸	$H_2C_2O_4 \rightleftarrows HC_2O_4^- + H^+$	1.04
	$HC_2O_4^- \rightleftarrows C_2O_4^{2-} + H^+$	3.82
スルファミン酸	$HNH_2SO_3 \rightleftarrows NH_2SO_3^- + H^+$	1.0
炭酸	$CO_2 + H_2O \rightleftarrows HCO_3^- + H^+$	6.35
	$HCO_3^- \rightleftarrows CO_3^{2-} + H^+$	10.33
ピリジニウムイオン	$C_5H_5NH^+ \rightleftarrows C_5H_5N + H^+$	5.42
フェノール	$C_6H_5OH \rightleftarrows C_6H_5O^- + H^+$	9.82
フッ化水素酸	$HF \rightleftarrows F^- + H^+$	3.17
硫化水素	$H_2S \rightleftarrows SH^- + H^+$	7.02
	$SH^- \rightleftarrows S^{2-} + H^+$	13.9
硫酸	$H_2SO_4 \rightleftarrows HSO_4^- + H^+$	−3
	$HSO_4^- \rightleftarrows SO_4^{2-} + H^+$	1.99
リン酸	$H_3PO_4 \rightleftarrows H_2PO_4^- + H^+$	2.15
	$H_2PO_4^- \rightleftarrows HPO_4^{2-} + H^+$	7.20
	$HPO_4^{2-} \rightleftarrows PO_4^{3-} + H^+$	12.4

付表 3. 標準電極電位

水溶液系(25℃)における標準電極電位(E°)の値は次表のように与えられている．これらの多くは実測されたものではなく，熱力学的データから計算されたものであり，引用文献により多少の差がある．表中(s)は固体，(l)は液体，(g)は気体，無印は水溶液を表す．

酸化・還元対	反応式	E°/V
Li^+/Li	$Li^+ + e^- = Li(s)$	− 3.045
K^+/K	$K^+ + e^- = K(s)$	− 2.925
Ba^{2+}/Ba	$Ba^{2+} + 2e^- = Ba(s)$	− 2.92
Ca^{2+}/Ca	$Ca^{2+} + 2e^- = Ca(s)$	− 2.84
Na^+/Na	$Na^+ + e^- = Na(s)$	− 2.714
Mg^{2+}/Mg	$Mg^{2+} + 2e^- = Mg(s)$	− 2.356
$[Al(OH)_4]^-/Al$	$[Al(OH)_4]^- + 3e^- = Al(s) + 4OH^-$	− 2.310
Sm^{3+}/Sm	$Sm^{3+} + 3e^- = Sm(s)$	− 2.30
H_2/H^-	$H_2(g) + 2e^- = 2H^-$	− 2.25
Al^{3+}/Al	$Al^{3+} + 3e^- = Al(s)$	− 1.676
Mn^{2+}/Mn	$Mn^{2+} + 2e^- = Mn(s)$	− 1.18
$SO_3^{2-}/S_2O_4^{2-}$	$2SO_3^{2-} + 2H_2O + 2e^- = S_2O_4^{2-} + 4OH^-$	− 1.13
SO_4^{2-}/SO_3^{2-}	$SO_4^{2-} + H_2O + 2e^- = SO_3^{2-} + 2OH^-$	− 0.936
Cr^{2+}/Cr	$Cr^{2+} + 2e^- = Cr(s)$	− 0.90
H_2O/H_2(pH = 14)	$2H_2O(l) + 2e^- = H_2(g) + 2OH^-$	− 0.828
$Cd(OH)_2/Cd$	$Cd(OH)_2(s) + 2e^- = Cd(s) + 2OH^-$	− 0.824
Zn^{2+}/Zn	$Zn^{2+} + 2e^- = Zn(s)$	− 0.763
$Cd(NH_3)_4^{2+}/Cd$	$Cd(NH_3)_4^{2+} + 2e^- = Cd(s) + 4NH_3$	− 0.622
$CO_2/H_2C_2O_4$	$2CO_2(g) + 2H^+ + 2e^- = H_2C_2O_4$	− 0.475
Fe^{2+}/Fe	$Fe^{2+} + 2e^- = Fe(s)$	− 0.440
Cr^{3+}/Cr^{2+}	$Cr^{3+} + e^- = Cr^{2+}$	− 0.424
Cd^{2+}/Cd	$Cd^{2+} + 2e^- = Cd(s)$	− 0.4025
Cu_2O/Cu	$Cu_2O(s) + H_2O + 2e^- = Cu(s) + 2OH^-$	− 0.365
$PbSO_4/Pb$	$PbSO_4(s) + 2e^- = Pb(s) + SO_4^{2-}$	− 0.3505
Co^{2+}/Co	$Co^{2+} + 2e^- = Co(s)$	− 0.277
Ni^{2+}/Ni	$Ni^{2+} + 2e^- = Ni(s)$	− 0.257
Sn^{2+}/Sn	$Sn^{2+} + 2e^- = Sn(s)$	− 0.1375
$CrO_4^{2-}/Cr(OH)_4^-$	$CrO_4^{2-} + 4H_2O(l) + 3e^- = Cr(OH)_4^- + 4OH^-$	− 0.13
Pb^{2+}/Pb	$Pb^{2+} + 2e^- = Pb(s)$	− 0.126
H^+/H_2(pH = 0)	$2H^+ + 2e^- = H_2(g)$ (標準水素電極)	(0.00000)
$HCOOH/HCHO$	$HCOOH + 2H^+ + 2e^- = HCHO + H_2O$	+ 0.034
Sn^{4+}/Sn^{2+}	$Sn^{4+} + 2e^- = Sn^{2+}$	+ 0.15
Cu^{2+}/Cu^+	$Cu^{2+} + e^- = Cu^+$	+ 0.159
SO_4^{2-}/H_2SO_3	$SO_4^{2-} + 4H^+ + 2e^- = H_2SO_3 + H_2O(l)$	+ 0.158
$AgCl/Ag$	$AgCl(s) + e^- = Ag(s) + Cl^-$	+ 0.2223
IO_3^-/I^-	$IO_3^- + 3H_2O(l) + 6e^- = I^- + 6OH^-$	+ 0.257
Hg_2Cl_2/Hg	$Hg_2Cl_2(s) + 2e^- = 2Hg(l) + 2Cl^-$	+ 0.26816
Cu^{2+}/Cu	$Cu^{2+} + 2e^- = Cu(s)$	+ 0.340
O_2/OH^-(pH = 14)	$O_2(g) + 2H_2O(l) + 4e^- = 4OH^-$	+ 0.401
Ag_2CrO_4/Ag	$Ag_2CrO_4(s) + 2e^- = 2Ag(s)\ Cr(OH)_4^- + CrO_4^{2-}$	+ 0.4491
Cu^+/Cu	$Cu^+ + e^- = Cu(s)$	+ 0.520
I_2/I^-	$I_2(s) + 2e^- = 2I^-$	+ 0.5355
BrO_3^-/Br^-	$BrO_3^- + 3H_2O(l) + 6e^- = Br^- + 6OH^-$	+ 0.61
ClO_3^-/Cl^-	$ClO_3^- + 3H_2O(l) + 6e^- = Cl^- + 6OH^-$	+ 0.622
O_2/H_2O_2	$O_2(g) + 2H^+ + 2e^- = H_2O_2$	+ 0.695
Fe^{3+}/Fe^{2+}	$Fe^{3+} + e^- = Fe^{2+}$	+ 0.771
Hg_2^{2+}/Hg	$Hg_2^{2+} + 2e^- = 2Hg(l)$	+ 0.796
Ag^+/Ag	$Ag^+ + e^- = Ag(s)$	+ 0.7991

（続く）

（付表 3 の続き）

酸化・還元対	反応式	E°/V
NO_3^-/NO_2^-	$NO_3^- + 2H^+ + 2e^- = NO_2^- + H_2O(l)$	+ 0.835
ClO^-/Cl^-	$ClO^- + H_2O(l) + 2e^- = Cl^- + 2OH^-$	+ 0.89
Hg^{2+}/Hg_2^{2+}	$2Hg^{2+} + 2e^- = Hg_2^{2+}$	+ 0.9110
NO_3^-/NO	$NO_3^- + 4H^+ + 3e^- = NO + 2H_2O(l)$	+ 0.957
HIO/I^-	$HIO + H^+ + e^- = I^- + H_2O(l)$	+ 0.985
Br_2/Br^-	$Br_2(l) + 2e^- = 2Br^-$	+ 1.0652
IO_3^-/I_2	$2IO_3^- + 12H^+ + 10e^- = I_2 + 6H_2O(l)$	+ 1.195
$O_2/H_2O(pH = 0)$	$O_2(g) + 4H^+ + 4e^- = 2H_2O(l)$（標準酸素電極）	+ 1.229
MnO_2/Mn^{2+}	$MnO_2 + 4H^+ + 2e^- = Mn^{2+} + 2H_2O(l)$	+ 1.23
Cl_2/Cl^-	$Cl_2(g) + 2e^- = 2Cl^-$	+ 1.3583
$Cr_2O_7^{2-}/Cr^{3+}$	$Cr_2O_7^{2-} + 14H^+ + 6e^- = 2Cr^{3+} + 7H_2O(l)$	+ 1.36
PbO_2/Pb^{2+}	$PbO_2(s) + 4H^+ + 2e^- = Pb^{2+} + 2H_2O(l)$	+ 1.468
MnO_4^-/Mn^{2+}	$MnO_4^- + 8H^+ + 5e^- = Mn^{2+} + 4H_2O(l)$	+ 1.51
Au^{3+}/Au	$Au^{3+} + 3e^- = Au(s)$	+ 1.52
BrO_3^-/Br_2	$2BrO_3^- + 12H^+ + 10e^- = Br_2(g) + 6H_2O(l)$	+ 1.52
MnO_4^-/MnO_2	$MnO_4^- + 4H^+ + 3e^- = MnO_2(s) + 2H_2O(l)$	+ 1.695
$PbO_2/PbSO_4$	$PbO_2(s) + SO_4^{2-} + 4H^+ + 2e^- = PbSO_4 + 2H_2O(l)$	+ 1.698
H_2O_2/H_2O	$H_2O_2 + 2H^+ + 2e^- = 2H_2O(l)$	+ 1.763
F_2/F^-	$F_2(g) + 2e^- = 2F^-$	+ 2.87

[注]反応式中 H^+が関与しているものは pH = 0，OH^-が関与しているものは pH = 14 における値を示す．任意の pH，活量における電極電位はネルンストの式により算出できる．

付表 4. 環境基準

水質汚濁にかかわる人の健康の保護に関する環境基準

項目名	基準値
カドミウム	0.003 mg/L 以下
全シアン	検出されないこと.
鉛	0.01 mg/L 以下
六価クロム	0.02 mg/L 以下
ヒ素	0.01 mg/L 以下
総水銀	0.0005 mg/L 以下
アルキル水銀	検出されないこと.
PCB	検出されないこと.
ジクロロメタン	0.02 mg/L 以下
四塩化炭素	0.002 mg/L 以下
1,2-ジクロロエタン	0.004 mg/L 以下
1,1-ジクロロエチレン	0.1 mg/L 以下
cis-1,2-ジクロロエチレン	0.04 mg/L 以下
1,1,1-トリクロロエタン	1 mg/L 以下
1,1,2-トリクロロエタン	0.006 mg/L 以下
トリクロロエチレン	0.01 mg/L 以下
テトラクロロエチレン	0.01 mg/L 以下
1,3-ジクロロプロペン	0.002 mg/L 以下
チウラム	0.006 mg/L 以下
シマジン	0.003 mg/L 以下
チオベンカルブ	0.02 mg/L 以下
ベンゼン	0.01 mg/L 以下
セレン	0.01 mg/L 以下
硝酸性窒素および亜硝酸性窒素	10 mg/L 以下
フッ素	0.8 mg/L 以下
ホウ素	1 mg/L 以下
1,4-ジオキサン	0.05 mg/L 以下

要監視項目および指針値(令和 2 年 5 月 28 日現在)

項目名	指針値
クロロホルム	0.06 mg/L 以下
trans-1,2-ジクロロエチレン	0.04 mg/L 以下
1,2-ジクロロプロパン	0.06 mg/L 以下
p-ジクロロベンゼン	0.2 mg/L 以下
イソキサチオン	0.008 mg/L 以下
ダイアジノン	0.005 mg/L 以下
フェニトロチオン(MEP)	0.003 mg/L 以下
イソプロチオラン	0.04 mg/L 以下
オキシン銅(有機銅)	0.04 mg/L 以下
クロロタロニル(TPN)	0.05 mg/L 以下
プロピザミド	0.008 mg/L 以下
EPN	0.006 mg/L 以下
ジクロルボス(DDVP)	0.008 mg/L 以下
フェノブカルブ(BPMC)	0.03 mg/L 以下
イプロベンホス(IBP)	0.008 mg/L 以下
クロルニトロフェン(CNP)	–
トルエン	0.6 mg/L 以下
キシレン	0.4 mg/L 以下
フタル酸ジエチルヘキシル	0.06 mg/L 以下
ニッケル	–
モリブデン	0.07 mg/L 以下
アンチモン	0.02 mg/L 以下
塩化ビニルモノマー	0.002 mg/L 以下
エピクロロヒドリン	0.0004 mg/L 以下
全マンガン	0.2 mg/L 以下
ウラン	0.002 mg/L 以下
ペルフルオロオクタンスルホン酸(PFOS)及びペルフルオロオクタン酸(PFOA)	0.00005mg/L 以下(暫定)＊

＊ PFOS 及び PFOA の指針値(暫定)については, PFOS 及び PFOA の合計値とする.

本文および付表 1-4 のデータはおもに以下より引用したものである.

「イオン平衡：分析化学における」H. Freise, Q. Fernando 著, 化学同人.「電気化学　第 2 版」玉虫伶太著, 東京化学同人.「化学便覧基礎編　改訂 6 版」日本化学会編, 丸善.「電気化学便覧　第 6 版」電気化学協会編, 丸善.「分析化学実験」阿部光雄編著, 裳華房.「Lange's HANDBOOK OF CHEMISTRY, 17th Edition」J. A. Dean 編, McGraw-Hill.「Handbook of Chemical Equilibria in Analytical Chemistry」S. Kotrlý and L. Šůcha, John Wiley & Sons. 環境省ホームページ.

元素の周期表(2023)

原子番号	元素記号[注1]
元素名	
原子量(2023)[注2]	

周期＼族	1	2	3	4	5	6	7	8	9	10	11	12	13	14	15	16	17	18	族／周期
1	1 H 水素 1.00784~ 1.00811																	2 He ヘリウム 4.002602	1
2	3 Li リチウム 6.938~ 6.997	4 Be ベリリウム 9.0121831											5 B ホウ素 10.806~ 10.821	6 C 炭素 12.0096~ 12.0116	7 N 窒素 14.00643~ 14.00728	8 O 酸素 15.99903~ 15.99977	9 F フッ素 18.998403162	10 Ne ネオン 20.1797	2
3	11 Na ナトリウム 22.98976928	12 Mg マグネシウム 24.304~ 24.307											13 Al アルミニウム 26.9815384	14 Si ケイ素 28.084~ 28.086	15 P リン 30.973761998	16 S 硫黄 32.059~ 32.076	17 Cl 塩素 35.446~ 35.457	18 Ar アルゴン 39.792~ 39.963	3
4	19 K カリウム 39.0983	20 Ca カルシウム 40.078	21 Sc スカンジウム 44.955907	22 Ti チタン 47.867	23 V バナジウム 50.9415	24 Cr クロム 51.9961	25 Mn マンガン 54.938043	26 Fe 鉄 55.845	27 Co コバルト 58.933194	28 Ni ニッケル 58.6934	29 Cu 銅 63.546	30 Zn 亜鉛 65.38	31 Ga ガリウム 69.723	32 Ge ゲルマニウム 72.630	33 As ヒ素 74.921595	34 Se セレン 78.971	35 Br 臭素 79.901~ 79.907	36 Kr クリプトン 83.798	4
5	37 Rb ルビジウム 85.4678	38 Sr ストロンチウム 87.62	39 Y イットリウム 88.905838	40 Zr ジルコニウム 91.224	41 Nb ニオブ 92.90637	42 Mo モリブデン 95.95	43 Tc* テクネチウム (99)	44 Ru ルテニウム 101.07	45 Rh ロジウム 102.90549	46 Pd パラジウム 106.42	47 Ag 銀 107.8682	48 Cd カドミウム 112.414	49 In インジウム 114.818	50 Sn スズ 118.710	51 Sb アンチモン 121.760	52 Te テルル 127.60	53 I ヨウ素 126.90447	54 Xe キセノン 131.293	5
6	55 Cs セシウム 132.90545196	56 Ba バリウム 137.327	57~71 ランタノイド	72 Hf ハフニウム 178.486	73 Ta タンタル 180.94788	74 W タングステン 183.84	75 Re レニウム 186.207	76 Os オスミウム 190.23	77 Ir イリジウム 192.217	78 Pt 白金 195.084	79 Au 金 196.966570	80 Hg 水銀 200.592	81 Tl タリウム 204.382~ 204.385	82 Pb 鉛 206.14~ 207.94	83 Bi* ビスマス 208.98040	84 Po* ポロニウム (210)	85 At* アスタチン (210)	86 Rn* ラドン (222)	6
7	87 Fr* フランシウム (223)	88 Ra* ラジウム (226)	89~103 アクチノイド	104 Rf* ラザホージウム (267)	105 Db* ドブニウム (268)	106 Sg* シーボーギウム (271)	107 Bh* ボーリウム (272)	108 Hs* ハッシウム (277)	109 Mt* マイトネリウム (276)	110 Ds* ダームスタチウム (281)	111 Rg* レントゲニウム (280)	112 Cn* コペルニシウム (285)	113 Nh* ニホニウム (278)	114 Fl* フレロビウム (289)	115 Mc* モスコビウム (289)	116 Lv* リバモリウム (293)	117 Ts* テネシン (293)	118 Og* オガネソン (294)	7

ランタノイド	57 La ランタン 138.90547	58 Ce セリウム 140.116	59 Pr プラセオジム 140.90766	60 Nd ネオジム 144.242	61 Pm* プロメチウム (145)	62 Sm サマリウム 150.36	63 Eu ユウロピウム 151.964	64 Gd ガドリニウム 157.25	65 Tb テルビウム 158.925354	66 Dy ジスプロシウム 162.500	67 Ho ホルミウム 164.930329	68 Er エルビウム 167.259	69 Tm ツリウム 168.934219	70 Yb イッテルビウム 173.045	71 Lu ルテチウム 174.9668
アクチノイド	89 Ac* アクチニウム (227)	90 Th* トリウム 232.0377	91 Pa* プロトアクチニウム 231.03588	92 U* ウラン 238.02891	93 Np* ネプツニウム (237)	94 Pu* プルトニウム (239)	95 Am* アメリシウム (243)	96 Cm* キュリウム (247)	97 Bk* バークリウム (247)	98 Cf* カリホルニウム (252)	99 Es* アインスタイニウム (252)	100 Fm* フェルミウム (257)	101 Md* メンデレビウム (258)	102 No* ノーベリウム (259)	103 Lr* ローレンシウム (262)

注１：元素記号の右肩の*はその元素には安定同位体が存在しないことを示す。そのような元素については放射性同位体の質量数の一例を（　）内に示した。ただし，Bi，Th，Pa，U については天然で特定の同位体組成を示すので原子量が与えられる。

注２：この周期表には最新の原子量「原子量表（2023）」が示されている。原子量は単一の数値あるいは変動範囲で示されている。原子量が範囲で示されている14元素には複数の安定同位体が存在し，その組成が天然において大きく変動するため単一の数値で原子量が与えられない。その他の70元素については，原子量の不確かさは示された数値の最後の桁にある。

4 桁の原子量表（2023）

（元素の原子量は，質量数 12 の炭素（^{12}C）を 12 とし，これに対する相対値とする。）

本表は，実用上の便宜を考えて，国際純正・応用化学連合（IUPAC）で承認された最新の原子量に基づき，日本化学会原子量専門委員会が独自に作成したものである。本来，同位体存在度の不確定さは，自然に，あるいは人為的に起こりうる変動や実験誤差のために，元素ごとに異なる。従って，個々の原子量の値は，正確度が保証された有効数字の桁数が大きく異なる。本表の原子量を引用する際には，このことに注意を喚起することが望ましい。

なお，本表の原子量の信頼性はリチウム，亜鉛の場合を除き有効数字の 4 桁目で±1 以内である（両元素については脚注参照）。また，安定同位体がなく，天然で特定の同位体組成を示さない元素については，その元素の放射性同位体の質量数の一例を（　）内に示した。従って，その値を原子量として扱うことは出来ない。

原子番号	元素名	元素記号	原子量
1	水素	H	1.008
2	ヘリウム	He	4.003
3	リチウム	Li	6.94†
4	ベリリウム	Be	9.012
5	ホウ素	B	10.81
6	炭素	C	12.01
7	窒素	N	14.01
8	酸素	O	16.00
9	フッ素	F	19.00
10	ネオン	Ne	20.18
11	ナトリウム	Na	22.99
12	マグネシウム	Mg	24.31
13	アルミニウム	Al	26.98
14	ケイ素	Si	28.09
15	リン	P	30.97
16	硫黄	S	32.07
17	塩素	Cl	35.45
18	アルゴン	Ar	39.95
19	カリウム	K	39.10
20	カルシウム	Ca	40.08
21	スカンジウム	Sc	44.96
22	チタン	Ti	47.87
23	バナジウム	V	50.94
24	クロム	Cr	52.00
25	マンガン	Mn	54.94
26	鉄	Fe	55.85
27	コバルト	Co	58.93
28	ニッケル	Ni	58.69
29	銅	Cu	63.55
30	亜鉛	Zn	65.38*
31	ガリウム	Ga	69.72
32	ゲルマニウム	Ge	72.63
33	ヒ素	As	74.92
34	セレン	Se	78.97
35	臭素	Br	79.90
36	クリプトン	Kr	83.80
37	ルビジウム	Rb	85.47
38	ストロンチウム	Sr	87.62
39	イットリウム	Y	88.91
40	ジルコニウム	Zr	91.22
41	ニオブ	Nb	92.91
42	モリブデン	Mo	95.95
43	テクネチウム	Tc	(99)
44	ルテニウム	Ru	101.1
45	ロジウム	Rh	102.9
46	パラジウム	Pd	106.4
47	銀	Ag	107.9
48	カドミウム	Cd	112.4
49	インジウム	In	114.8
50	スズ	Sn	118.7
51	アンチモン	Sb	121.8
52	テルル	Te	127.6
53	ヨウ素	I	126.9
54	キセノン	Xe	131.3
55	セシウム	Cs	132.9
56	バリウム	Ba	137.3
57	ランタン	La	138.9
58	セリウム	Ce	140.1
59	プラセオジム	Pr	140.9
60	ネオジム	Nd	144.2
61	プロメチウム	Pm	(145)
62	サマリウム	Sm	150.4
63	ユウロピウム	Eu	152.0
64	ガドリニウム	Gd	157.3
65	テルビウム	Tb	158.9
66	ジスプロシウム	Dy	162.5
67	ホルミウム	Ho	164.9
68	エルビウム	Er	167.3
69	ツリウム	Tm	168.9
70	イッテルビウム	Yb	173.0
71	ルテチウム	Lu	175.0
72	ハフニウム	Hf	178.5
73	タンタル	Ta	180.9
74	タングステン	W	183.8
75	レニウム	Re	186.2
76	オスミウム	Os	190.2
77	イリジウム	Ir	192.2
78	白金	Pt	195.1
79	金	Au	197.0
80	水銀	Hg	200.6
81	タリウム	Tl	204.4
82	鉛	Pb	207.2
83	ビスマス	Bi	209.0
84	ポロニウム	Po	(210)
85	アスタチン	At	(210)
86	ラドン	Rn	(222)

原子番号	元　素　名	元素記号	原子量
87	フランシウム	**Fr**	(223)
88	ラジウム	**Ra**	(226)
89	アクチニウム	**Ac**	(227)
90	トリウム	**Th**	232.0
91	プロトアクチニウム	**Pa**	231.0
92	ウラン	**U**	238.0
93	ネプツニウム	**Np**	(237)
94	プルトニウム	**Pu**	(239)
95	アメリシウム	**Am**	(243)
96	キュリウム	**Cm**	(247)
97	バークリウム	**Bk**	(247)
98	カリホルニウム	**Cf**	(252)
99	アインスタイニウム	**Es**	(252)
100	フェルミウム	**Fm**	(257)
101	メンデレビウム	**Md**	(258)
102	ノーベリウム	**No**	(259)

原子番号	元　素　名	元素記号	原子量
103	ローレンシウム	**Lr**	(262)
104	ラザホージウム	**Rf**	(267)
105	ドブニウム	**Db**	(268)
106	シーボーギウム	**Sg**	(271)
107	ボーリウム	**Bh**	(272)
108	ハッシウム	**Hs**	(277)
109	マイトネリウム	**Mt**	(276)
110	ダームスタチウム	**Ds**	(281)
111	レントゲニウム	**Rg**	(280)
112	コペルニシウム	**Cn**	(285)
113	ニホニウム	**Nh**	(278)
114	フレロビウム	**Fl**	(289)
115	モスコビウム	**Mc**	(289)
116	リバモリウム	**Lv**	(293)
117	テネシン	**Ts**	(293)
118	オガネソン	**Og**	(294)

†：人為的に ^{6}Li が抽出され，リチウム同位体比が大きく変動した物質が存在するために，リチウムの原子量は大きな変動幅をもつ。従って本表では例外的に3桁の値が与えられている。なお，天然の多くの物質中でのリチウムの原子量は6.94に近い。

＊：亜鉛に関しては原子量の信頼性は有効数字4桁目で±2である。

NDC 432　108 p　26 cm

理工系大学基礎化学実験第5版

2024年3月12日　第1刷発行

編　者　東京工業大学化学実験室

発行者　森田浩章

発行所　株式会社　講談社

〒112-8001 東京都文京区音羽2-12-21
販　売　(03)5395-4415
業　務　(03)5395-3615

編　集　株式会社　講談社サイエンティフィク
代表　堀越俊一
〒162-0825 東京都新宿区神楽坂2-14　ノービィビル
編　集　(03)3235-3701

本文データ作成　株式会社双文社印刷

印刷・製本　株式会社ＫＰＳプロダクツ

落丁本・乱丁本は，購入書店名を明記のうえ，講談社業務宛にお送り下さい．送料小社負担にてお取替えします．なお，この本の内容についてのお問い合わせは講談社サイエンティフィク編集宛にお願いいたします．定価はカバーに表示してあります．

Printed in Japan

ISBN 978-4-06-535184-0

MEMO

MEMO

MEMO